U0686049

生命蓝图

透视过去、改变现在、预演未来

刘津 著

人民邮电出版社

北 京

图书在版编目（CIP）数据

生命蓝图：透视过去、改变现在、预演未来 / 刘津
著. -- 北京：人民邮电出版社，2020.7（2024.4重印）
ISBN 978-7-115-53669-3

Ⅰ. ①生… Ⅱ. ①刘… Ⅲ. ①人生观—通俗读物
Ⅳ. ①B821-49

中国版本图书馆CIP数据核字（2020）第049473号

内 容 提 要

　　本书从认清使命、规划人生、实现奇迹三个维度，指导和帮助读者摆脱自身思维与认知上固有的局限，更好地发掘天赋、规划人生蓝图，实现奇迹一般的人生。书中既包含一套基本的理论，也分享了很多我们身边真实的故事，还给出了一整套图表工具加以阐释，具有较好的可操作性。读者可以通过公众号或微信与作者实现一对一沟通。

　　本书适合刚刚走上职场、对生涯规划感到迷茫的年轻群体，也适合遇到人生困惑需要实现自我超越的成熟人士。

◆ 著　　　　　刘　津
　责任编辑　陈冀康
　责任印制　王　郁　焦志炜

◆ 人民邮电出版社出版发行　　北京市丰台区成寿寺路 11 号
　邮编　100164　　电子邮件　315@ptpress.com.cn
　网址　https://www.ptpress.com.cn
　涿州市般润文化传播有限公司印刷

◆ 开本：880×1230　1/32
　印张：8.5　　　　　　　　　2020 年 7 月第 1 版
　字数：156 千字　　　　　　2024 年 4 月河北第 5 次印刷

定价：59.00 元

读者服务热线：**(010)81055410**　印装质量热线：**(010)81055316**
反盗版热线：**(010)81055315**
广告经营许可证：京东市监广登字 20170147 号

写在前面

曾经的我，是一个很努力、很喜欢思考的人，但有时也难免悲观、消极。

我觉得人生是严肃的、铁面无私的，所以要想有所得就必须有所付出，天上是绝对不会掉馅饼的；我觉得所有的一切都是有限的，包括欢乐，所以不可以太快乐，免得透支未来的存储，甚至直接导致"乐极生悲"；我觉得最好不要太有钱，钱太多了会遭别人惦记，给自己带来麻烦；凡事也不要太冒头，最好永远躲在后面，因为"枪打出头鸟"……我对未来充满了恐惧，担心只要稍有懈怠，就会产生不好的结果，似乎我们在这个世界上唯一的生存之道，就是极度自律。

但是，即便我如此自律，牺牲了时间、欢乐、金钱，只想换来安稳、高质量的生活，却依然逃不过学业、事业、情感的诸多不顺。于是我开始反思：人生的意义是什么？我们为什么活着？那些倒霉的、痛苦的、像电视剧剧情一样的经历为什么会发生在我身上？这个世界运作的规则是什么？如何才能转运？到底怎样做才是对的……带着一连串的问题，我开始孜孜不倦地探索人生的奥秘，并逐渐打开了未知世界的大门。

这段经历让我宛若新生，破碎、颠覆又重整了我对世界、对自己的认知。回望 4 年前的自己，我一直抱着旧有的"约定俗成"的观点看这个世界，过着自以为"积极向上"却并不积极的生活。想到这里我感到既幸运又悔恨：幸运的是我有机会得知真相，悬崖勒马，换个心态重新来过；悔恨的是为什么没能早点知道真相，白白浪费这么多年的光阴。

从小学习的知识、父母师长的教诲、朋友的影响、集体意识及传统价值观等，很容易使我们产生偏离真相的限制性信念，让我们离幸福的人生越来越远。人生的真相其实是欢乐、无限、自由，并非很多人以为的严肃、辛苦、限制。可惜，学校、家庭、社会都很少告诉我们这些。生存的压力和竞争的焦虑如一座座大山，压垮了多数人，也掩盖了人生的真相；少部分智者却早已另辟蹊径，过上了自由自在的人生。

现在回想起过去的自己，我真是感到难以置信，不晓得那样的我要怎样背负如此沉重的信念坚持走完一生。我并不了解周围的人过得如何，是否有着跟我曾经一样的困扰。但我相信，所有人或多或少都会产生关于世界、关于人生的限制性信念，导致自己偏离了原先设定的幸福路线，兜兜转转却找不到方向；有的人甚至会迷途一生，再也无法找到正确的路。

希望这份人生蓝图能够在你偏离轨道的时候及时帮助你规划新的路线，让你用较短的距离、较少的精力回归人生正轨，让这份蓝图持续为你的幸福人生导航。

生命蓝图
透视过去、改变现在、预演未来

　　不同于晦涩难懂的心灵成长和哲学图书，也不同于多数励志类图书，本书倡导"深入浅出，知行合一"，希望用最朴素的语言和最系统、最实用的方法帮助你明白人生的价值和改变人生的方式，让你踏踏实实、明明白白地过好这一生。

　　为了方便实践，本书将用大量表格帮助你分析自我、找到天赋、规划未来。关注公众号"津乐道"即可参与在线测试，并获取书中的电子版表格以及生命蓝图空白模板。如在绘制生命蓝图的过程中出现疑问，你可以通过微信和我一对一交流，也可以通过公众号或微信朋友圈关注并参与我不定期举办的线上课程或线下活动。

刘津
2020年2月

目录 CONTENT

PART 01
认识使命，看清课题

PART 02
重新规划生命蓝图

PART 03
在无限中实现奇迹

认识使命，
看清课题

CHAPTER 01　人生使命究竟为何

·1.1 人生使命完成度测试·

人生就像一场考试，我们可以实时测验并得到分数。现在请凭感觉给自己的人生打个分数，1分是非常不满意，100分是非常满意，你会打多少分呢？

现在，请记好你的分数，我们再通过下面这个"人生使命完成度测试"看看你的实际分数。

不用思考，凭借直觉作答即可。以下皆为单选题，如果你觉得有两个或更多选项都符合，那就选择你认为最符合的那一项。可以对照附录B的参考答案评分，也可以扫描下面的二维码，关注公众号并回复"测试"进行在线测试。

1. 下面4个人中，你觉得未来谁会更有钱？

A. 聪明的人

B. 有才华的人

C. 勤劳的人

D. 自信的人

2. 你觉得自己目前的财务状况如何？

A. 钱够用了就行，不贪图更多

B. 月光族或负债

C. 收入太多花不过来

D. 收入还可以，但是不够满意

3. 你觉得自己目前的情感状况如何？

A. 一家人其乐融融

B. 有伴侣，但依然感觉内心孤独

C. 单身，渴望尽快遇到另一半

D. 觉得自己一个人挺好

4. 你对自己的外表感到满意吗？

A. 觉得不够好，但只能这样了

B. 通过高科技手段不断完善

C. 觉得自己太美了

D. 感觉还可以吧

生命蓝图

透视过去、改变现在、预演未来

5. 你对自己的身材感到满意吗？

A. 光吃不运动，身材无所谓

B. 还行，不太容易吃胖

C. 通过高科技手段减肥

D. 坚持运动，保持着完美身材

6. 你对自己的身体状况感到满意吗？

A. 非常健康，活力满满

B. 没能坚持运动，亚健康问题明显

C. 感觉越来越力不从心，经常看医生

D. 有慢性疾病或正患有严重疾病

7. 你想改变现在的生活状态吗？

A. 我希望每天都是全新的，愿意迎接各种挑战

B. 我觉得现在的生活还行，不想改变

C. 我觉得现在的生活离我的预期太远

D. 我已经受够了现在的生活

8. 你是否知道自己的天赋或兴趣爱好？

A. 我没有天赋也没什么兴趣爱好，把时间都用在工作、照顾孩子、看
   电视剧上

B. 我有很多兴趣爱好，会在这方面花些时间

C. 我的天赋或兴趣爱好已经为我带来了额外收入

D. 我已经通过天赋或兴趣爱好实现财务自由了

9. 你是否有充足的、可灵活支配的时间？

A. 特别辛苦忙碌，很难抽出空余时间

B. 作息较规律，有少量时间可供支配

C. 时间很充裕，可以灵活安排

D. 有大把的时间不知道怎么用，感觉很无聊

10. 你现阶段的幸福感如何？

A. 感觉人生特别充实，每天都被自己的激情叫醒

B. 没什么特别的感觉，对自己的生活还算满意

C. 对未来感到担心、焦虑，觉得自己没有足够的竞争力

D. 感觉非常迷茫，找不到自己存在的价值

请把你最开始的自评分数和最终的测试结果分别填进对应的表格中。

自评分数	测试结果

如果你的测试结果在90分以上，那么请你合上这本书，因为你根本不需要它。你早已在人生考场上游刃有余了，你的人生很精彩，人人都羡慕你。欢迎写本人生攻略来帮助更多人。

生命蓝图
透视过去、改变现在、预演未来

如果你的测试结果在60～90（包括90）分，那么恭喜你，你已经对自己的人生有所反思，正在向着更积极的方向转变。也许在这场考试中，你还遇到了很多其他的难题，不知道该怎么解决，相信这本"考试攻略"会给你带来帮助。

如果你的测试结果在20～60（包括60）分，那么你可能尚未真正花心思去认识自己、认识人生。你就像一个没复习功课就被赶上考场的孩子一样，凭着感觉答题，最后结果如何纯看运气。希望这本书可以帮助你了解到必要的"人生考点"和"答题技巧"，让你在后半程的考试中胸有成竹、逆转战局。

如果你的自评分数比测试结果高，说明你很可能高估了自己的实力。你还有相当大的潜力，未来的你很可能让现在的你刮目相看！

如果你的自评分数和测试结果相差不大，说明你的直觉很准确，你对自己的人生有比较正确的理解和评估，相信你会更容易理解书中的内容。

如果你的自评分数比测试结果低，说明你实在是太谦虚了，事实比你想象得要好得多。你现在需要做的是放缓脚步，花更多的时间肯定自己、理解自己，好好体会书中的内容，重新找到自己对美好生活的定义。

·1.2 认识使命，做人生赢家·

我经常会和周围的朋友探讨：人生的意义是什么，人活着是为了什么。有个朋友说："我觉得人生没有意义，就是经历而已。"我并不认同他的观点，我相信任何人、任何事情都有存在的价值和意义，这个世界并不是随机产生的结果。

以前，我觉得活着是为了让自己变得更好，当然，这是因为我觉得自己不够好，所以才想要变得更好，并以此作为人生的使命。怀着这样的使命，我活得非常辛苦并且找不到方向。

过了很多年我才发现，我一直在通过不断地和人比较、不断地竞争证明自己在变得更好，但是我却活得越来越不开心，越来越没有方向感，越来越焦虑不安。我慢慢地明白：也许我走错了。

那到底什么样的道路才是对的呢？我急切地想要知道答案，想要了解自己，我不想再陷入"松树和桃树比着结果子"的剧本里。我开始对人生的意义和使命感兴趣，我想要搞清楚自己是谁，想要知道自己这一生到底要做什么。于是我开始了长达四年的内在探索之路，这一路收获了无数的感悟，颠覆了我几十年的人生观和价值观。

"人生"这场游戏的规则到底是什么？如何提升自己的人生满意度？这些真的是每一个人生下来就应该知道的信息，否则真

生命蓝图
透视过去、改变现在、预演未来

的要白白蹉跎多年不得要领。接下来我就把探索多年发现的规律逐一分享给你。

生而不同，所以不同

有人认为，人生来是一张白纸，是后天的环境和遭遇导致每个人性格和经历有所不同；也有人认为每个人生来就不一样，比如同样都是婴儿，有的特别爱哭，有的却很安静。我个人认为，人和人生来就是各不相同的，而后天的环境和遭遇会加深这种差异。

这让我想起了电影《哪吒之魔童降世》，电影里的主人公哪吒本应是灵珠，却意外成了魔丸。这使得他从小就不被人接受，被全村人当成妖怪，受尽白眼。他不知道这是为什么，直到有一天，父母告诉他，他是灵珠转世，所以有不同于常人的超能力，村民才会惧怕他。这让哪吒非常兴奋，决心好好练习武艺，将来为民除害。两年后，他却得知自己是魔丸转世的真相，并且中了天雷咒，即将被天雷摧毁。这让他无比愤恨、伤心、绝望，他恨自己的身世和宿命，也恨父母的欺骗，他觉得自己被全世界抛弃了，在自暴自弃中完全堕入魔性，差点杀死了自己的父亲。再后来，他又意外得知父亲为了解除他的天雷咒，自愿一命抵一命，换取他的平安。父亲对他的无条件的爱深深感动了他，于是他又返回村里，拼尽全力拯救了父母和全村人，成了大英雄。

电影中的剧情虽然是虚构的，却依然能给我们很大的启发。电影中有句很经典的台词：别人的看法一点儿都不重要，你是谁只有你自己说了才算。

大家都觉得哪吒是妖怪，哪吒确实可以活成妖怪，跟全村人作对；但他也可以利用魔丸的超能力活成英雄，拯救全村人。

这里面其实有两层含义：一方面是我们确实生来不同，并且无法改变自己的"身份"，比如出生时间、年龄、种族、家庭、环境等；另一方面是即使有这么多限制，我们依然能拥有无限种可能，而这全凭我们自己的信念。

这就好像玩游戏，不同的玩家选择同一个英雄，最后的结果却千差万别。没有打不好的英雄，只有不会玩的玩家。

所以，我们既需要认识到自己的"身份"，也就是我们的特点和限制，还需要认识到自己在这个基础上依然有无限种可能，然后巧妙地运用我们的特点完成使命。比如，哪吒及其父母需要接受哪吒是魔丸的事实，接受他生来就有巨大破坏力的事实，如果非要勉强他跟别的孩子一样温顺、乖巧、可爱，不但他做不到，而且也会给所有人带来无限的痛苦。既然如此，还不如充分发挥他的特点，让他用自己独特的方式去斩妖除魔，完成他的使命。

这就好像在自然界，我们从来不会说每种动植物的缺点是什么，而只会说它们的特点是什么。比如，我们绝对不会说松树的

生命蓝图
透视过去、改变现在、预演未来

缺点是不能开花、不能结果子，牡丹的缺点是太高调、太爱出风头……我们尊重每种动植物的特点，不会拿它们去和其他的种类比较。

同理，作为人，我们也要尊重自己的特点。因为特点不同，要做的事情、做事的方式自然也就不同，我们每个人都有属于自己的轨道。

比如，我有个老师是学国画的，她的丈夫也是学艺术的，但他们的孩子居然是个计算机高手，在小的时候就拿了国家级的编程奖项。我好奇地问老师："为什么不让他学艺术呢？"老师很无奈地回答："我当然想了，但是我儿子对画画一点儿都不感兴趣，就是喜欢编程，那就由他去吧。"

看看你自己，再看看你身边的人，有多少人正在从事和父母相同的职业？恐怕寥寥无几吧。越来越多的年轻人正在追寻自己喜欢的事情。还有很多小孩子从小就表现出对某样事物的强烈好奇和过人天赋，"子承父业"似乎已经是很少见的事情了。

高晓松说过一句话让我印象十分深刻：孩子都是带着剧本来的，父母不要过多打扰，唯有用爱与尊重来喂养孩子，使他们茁壮成长、羽翼丰满，终有一天他们会飞向自己心中的理想所在。

可能你会说：我觉得自己从小到大都普普通通的，没有什么特别的兴趣爱好，也没什么天赋。先别急着下结论，在后面的章节中，我将通过一系列步骤带你找到自己被忽视的闪光点。这世上没有两片完全相同的树叶，也没有完全一样的人，更没有完全相同的经历，每个人都可以走出一条属于自己的道路，只是需要你有一双擅长发现的眼睛。

在行动中破"局"改"剧"

既然每个人都是不同的，又都有自己的剧本，那全世界岂不是有几十亿个不同的剧本？想象一间巨大的文件室里陈列着无数个剧本，每个人通过自己唯一的号码就能找到对应的剧本，上面记载着自己的一生。你是不是很想要找到这个独一无二的剧本，但是却感到茫然无措呢？

其实并没有那么复杂，虽然每个人生来不同，剧本也看似完全不一样，但里面还是蕴含着特定的规律的。

比如，我前一阵子新认识了一个朋友，她向我介绍自己的时候，说她曾经做过一个很专业的性格测试。刚好我也做过那个性格测试，我感觉我们应该是同一种性格，而那种性格是所有性格类型里最少见的一种，只占总数的2%左右。

事实也的确如此，我们测试出的性格类型一致，平时的思考方式、说话方式也很相似。后来通过一次闲聊我才知道，她和父母的关系模式与我和父母的关系模式非常相似，她妈妈的性格和我妈妈的性格也很相似，都是比较特别的那种。

不仅如此，我们的人生经历也有很多相似之处，包括工作过的公司类型、业务类型、职位、感情经历、性格的转变等。而且，我们的伴侣之间也有很多相似之处。

虽然原生家庭对一个人的影响很大，但我并不想把人生的轨迹全部归因于此，毕竟人生不是由宿命决定的，我们每个人都有能力去改变人生。但是，这样的"巧合"还是让我非常吃惊，我感觉人生就像格子，相似的人会进入相似的格子，演绎相似的剧本。如果每个格子都是一个典型的"局"，这不就是程序吗？

除了这种无意识形成的"局"，还有很多人为设下的"局"等着我们去应对，常见的就是商家的各种促销广告、银行的各种信用卡优惠策略等。这些"局"都在想方设法地让你多消费，而不管你是否会因此负债。如果你不幸多头负债，用下一张信用卡去还上一张信用卡的钱，彻底依赖上信用卡，我想商家应该会很开心。这样的人越多，他们就越赚钱。

我没有一张信用卡，也从来不去看各种促销广告，对各种会员体系也无感，我只买自己需要或喜欢的东西。有一次老板问我："假如你作为一个用户，怎么看这些促销广告的设计风格？"我说："我从来不看促销广告，因为信息太多了，视觉风格太浓重了，我担心会影响我的购买决策。"老板很无奈地说："就是为了影响你啊。"

人性的弱点让我们沉迷于各种"局"中无法自拔（如同程序

自动运行），而精通人性的设"局"者（如同编程者）则能成为最后的赢家。无论是"大局"还是"小局"，都和程序很相似。

我们的人生剧本的背景，就是各种"大局"和"小局"的组合。"大局"是你的初始设定，包括家庭环境、外表等；"小局"是你经历的各种事件、诱惑以及你的行为模式等。

相似的"大局"可能导致相似的性格、相似的待人接物的模式、相似的人生轨迹，因为它是剧本的框架；灵活多变的"小局"则填充了剧本的内容，它是丰富的剧情素材。

所以几十亿个看似完全不同的剧本背景设定，其实是由各种元素交叉组合而成，最后生成了大量不同的内容而已。我们就这样成了诸多程序代码中的一个姓名字段。

你可能很想知道这背后具体的运作原理，想知道自己的剧本到底是怎样生成的。其实更重要的问题是，我们如何修改自己的剧本？否则，我们即便知道自己是谁，找到了想要的方向，也会受限其中，只能被动接受命运的安排。但事实并非如此。

如果哪吒完全认命，认定自己就是魔丸转世，不可能斩妖除魔、为民除害，即使他想要做个好人也会劝自己"算了吧，我根本不是那块料"。如果我老师的孩子明明想学计算机，看到自己出身艺术世家就以为"我没有能力学好计算机"，那他就只能遗憾地埋没自己的天赋了。

所以，光了解自己并找到想要的方向还不够，那只是认知层面的，最重要的是我们要能够冲破"局"的阻碍并勇敢行动，最终改变原先设定的剧本。这是我们非常重要的使命。

但是怎样才能做到呢？爱因斯坦说过："我们面对的重大问题永远不能在产生问题本身的层次上被解决。"

这是什么意思呢？举个例子，假如你有个羊圈，你突然发现里面的羊每天都会少一只，你该如何解决这个问题呢？

问题	在产生问题的层次上解决问题	在更高的层次上解决问题
羊圈里的羊每天少一只	每天往里面补一只羊	审视全局后发现羊圈破了个洞，补好洞就可以了

所以，遇到问题时我们要做的不是机械地解决表面问题，最好的方式是拓宽视野，从更高的角度往下看，从根本上解决问题。

·1.3 从更高维度看人生使命·

很多优秀的电影就是从更高的维度去分析世界的，但是如果你本身的思维限制太多，你就无法接收深刻的信息。就好像黑白电视机永远无法播出彩色的画面一样，不是内容的问题，而是硬件设施的限制。所以如果抛开一切限制性的想法，以开放的心态观看优秀的影视作品，你会发现完全不同的看世界的角度。

高维空间的剧本与程序

我们之所以喜欢看电影，是因为电影可以刺激我们逐渐麻木的感官，把我们从平淡无奇的日常生活中暂时地"解救"出来。借着导演及编剧的视角，我们可以感受各种奇思妙想和情感冲突，就好像一杯平淡无奇的白开水中加入了各种口味不同的饮料，平添了无穷的滋味和乐趣。

这其中，我最感兴趣的是科幻电影，它可以最大限度地激发我的想象力和创造力，用完全不同的视角解释人生。比如，《黑客帝国》《异次元骇客》等电影都把人生比喻成程序，我认为这是符合逻辑的思考和想象。虽然没有办法验证，但这无疑为我们

生命蓝图
透视过去、改变现在、预演未来

插上了想象的翅膀，带领我们站在更高的维度来看这个世界。也许这样，我们才有可能得到关于人生使命的答案。如果我们从人类的视角来看这个世界，又怎么可能回答得出类似"自己是谁，从哪里来，要到哪里去"这种超出认知范围的问题呢？

就好像你想要知道如何才能游戏通关，最快的方法是问问设计这个游戏的人是怎么想的，他设置的规则是什么。否则我们只能误打误撞碰运气，或是花费大量时间和精力去分析并验证，最后还未必能成功。

站在更高的维度，我会这么看世界：人类太聪明了，居然可以通过0和1编写出无数种计算机程序，甚至开创出一个个丰富的游戏世界，模拟出他们真实的生活场景。处于三维世界的人类编写出了二维（电脑屏幕是一个二维平面）的游戏程序，正如更高维度的"程序员"用同样的方式编写出了我们这个世界的规则一样。

再继续想象下去。二维世界有什么特点呢？它是一个面，如果你想从这个面上的A点快速到达B点，你只能沿着从A到B的直线走。而三维世界是立体空间，原来从A到B的直线在立体空间中是可以对折的，于是你瞬间就可以从A点到B点。同理，到了更高维度的世界，也许时间和空间也是可以折叠的，那么你就可以不受限制地"瞬间"到达任意一个地方，并且可以看到过去甚至未来发生的任何事情，这样时间和空间都不再有任何意义了。

既然没有了时间的概念，你的使命就不需要到未来才能完成了，它变成了一件从始至终都无比明确的事情。

很多书里提到，在高维度状态下，时间似乎"消失"了，或者说无法感知。以前我并不明白这是什么意思，过了很久我才明白，这说的就是高维空间下的状态。比如，当我们精力高度集中、全身心地投入自己喜欢的事情，我们是感觉不到时间的流逝的。这个时候我们做事会特别高效并且灵感无限，这就是高维度的状态。

刚才说的是"升维"的例子，我再举个"降维"的例子。比如我写了一篇文章，要把它打印出来，这就是一个从三维转换到二维的过程。虽然文章已经是现成的了，但是要降维，我们就需要一些时间让它显现，要看着它一行一行地出现在纸面上。这就好像有了过去（一张白纸）、现在（打印中）、未来（打印完毕）的时间轴。

同理，在高维空间写好的人生剧本，我们要用一生的时间才能使剧情完整地运行（呈现）在三维世界中，这和打印文章的原理是一样的。

所以在更高的维度里，过去、现在、未来是同时存在的。维度越高，限制就越小，可能性也就越多。如果想要改变打印机打印出来的内容，我们无法在已经打印出的那张纸上修改，而是只能在电脑里的文档上修改。同理，如果我们想改变人生剧本，也无法在现实生活中修改，只能从提高认知维度的角度去想办法。

这么说你可能很难明白什么是更高的维度，以及怎样在更高的维度里修改人生剧本。我举几个例子，你就明白了。

电影《蝴蝶效应》的男主角伊万有着穿越时空、改变命运的能力，他可以一次又一次地穿越到过去，改变当时的行为以得到不同的结果。但是无论他怎么改，最后都会产生新的意想不到的悲剧，所以每个版本的命运都非常悲惨。为什么会这样？因为在这个过程中他的心智没有发生变化，也就是说他并没有因此变得更加成熟、更加有智慧。所以不管他怎么改变当时的行为，都是"换汤不换药"，无法产生质的变化，只是改变了表面的事件而已。

说到这里，我突然想起前几天打出租车，司机说他以前是农村的，因为拆迁，全村人都得到了巨额的补偿款，这是他们作为农民一辈子都难以赚到的财富。本来是件天大的好事，但是很多村民却硬生生地把它逆转成了悲剧：因为和家人在财产分配方面无法达成一致，导致家庭失和；还有人拿这笔钱去投机，本想赚更多钱，最后反倒负债累累。

所以说，如果你的心智没有改变、层次没有提升，就算给你一个亿，你也依然是"穷人"；就算给你无数次时光倒流的机会，你的生活也依然和从前一样，甚至还不如从前。

《了凡四训》中有一则故事，告诉我们如何上升到更高的维度以改变命运。故事是这样的：主人公袁了凡在年轻的时候遇到了一位高人，不仅知道他的过往，还给他算了他的未来，包括他能活到多少岁，仕途如何，是否有孩子，什么时候去世，等等。

后来他的生活真的就和高人说的丝毫不差，包括他科考的名次等各种细节都完全一致。这让了凡深感绝望，不知道人活着的意义是什么。

再后来了凡遇到了一位禅师，这位禅师告诉他：人的命运是可以改变的，只要你多用功、多做善事。说完，禅师还送了他一本《功过格》，帮助他记录善行。

于是了凡不再绝望，他相信通过努力可以改变命运，从此开始积德行善。在他努力做善事的过程中，他发现他的命运真的在悄悄改变：高人说他考不上举人，他不仅考上了，还中了进士；高人说他礼部考试第三，他却考了第一；高人说他膝下无子，他有了两个儿子……

所以，命运（果）是无法改变的，因为决定命运的部分在更高的维度（因）中；命运同时又是可以改变的，只要我们在高维状态（因）中改变自己的信念，再在低维状态中采取相应的行动。这确实和程序运行的逻辑很相似：要想改变结果，不能在运行出的结果上修改，只能在程序中改变设定后再去运行，这样才能改变结果。

而**人生的"程序"**，就是为信念、智慧、爱和勇气等设定一

生命蓝图
透视过去、改变现在、预演未来

个量化值，姑且就称它为"能量值"吧。如果我们变得积极乐观、成熟智慧，那就是充满了"正能量"；如果我们悲观消极、幼稚愚昧，那就是充满了"负能量"。这样说应该就比较好理解了。

只有提升能量值，才能改变剧本。能量值越高，我们的人生剧本就越幸福、越欢乐。

如何提升能量值呢？当我们不按照惯常的模式去思考，不再麻木、消极地应对一切，不再感到焦虑、不满，而是开始反思自己，开始观察自己曾经的想法，开始变得积极、乐观、勇敢、有爱心……那么我们就是在提升能量值了。

举个例子，A、B、C三个人正在砌砖盖楼，有人问他们在做什么。A说："我在砌砖啊。"B说："我在盖房子啊。"C说："我在建设美好的未来。"请问这三个人中谁的能量值比较高呢？

答案显而易见，是C。

我再问个问题：这三个人谁未来会更幸福、更快乐、更有成就呢？

我相信一定也是C。

在A和B眼里，C很可能是一个只会空想或者擅长包装自己，说得好听却没什么实际本领的人。然而，**人与人之间的差距并不仅仅在于实际做了多少事情或是能力怎么样，更重要的是正能量的差距**。

纵观身边那些优秀、受人尊敬、能够为他人创造价值的人，他们未必是最聪明、背景最好甚至最努力的，但一定是心态非常好、积极、自信、乐观的人。想想看，你是否搞错了最重要的努力方向？

人生的目标就是提升能量值

我们一旦达到了相应的能量值，就会自发采取相应的行动。比如，当你充满爱和勇气时，你就会坚定不移地做出正确的选择和行动，绝不会思前想后、犹豫不决。相反，如果你处在较低的能量值中，比如你持续感到自卑、消极、绝望、愧疚、恐惧……那你就很可能会采取错误的行动或者根本不行动。由此可见，保持正能量是非常重要的。

能量值不同，对应的剧本就不同。能量值越高，境遇就越好；能量值越低，就越容易遇到各种难题，以此帮助你提升能量值。错误或消极的信念会拉低我们的能量值，使我们陷入各种"局"中，遭遇各种挫折，体验各种情绪，但这都是为了帮助我们觉察问题，而不是为了使我们经历痛苦。

生而为人，我们的目的就是不断提升能量值，一切都是围绕着这个目的来展开的，这就是这个世界的基本运作规律。而提升能量值的关键就是保持正确的信念。

可能你很好奇：为什么人生的目标是不断提升能量值，为什么要如此设定？

生命蓝图
透视过去、改变现在、预演未来

想象一下，假如你是一个完美的存在，在一个没有物质烦恼的地方整天无所事事，你会不会觉得很无聊？你想找到存在的价值和创造的乐趣，可是你什么都不缺啊，那怎么办呢？简单，"降维"处理！

于是我们创造了一个什么都缺的环境，在这个环境里体会战胜困难和限制的感觉，最终成就自己。

所谓人生如戏，电影编剧们不也是如此吗？他们一定要让主角一开始窘困无比或经历大起大落，然后再安排主角一路过关斩将，冲破各种阻碍，最终取得胜利。这种"套路"屡试不爽，观众每每看到这样的情节都会感觉热血沸腾，忍不住为主角加油喝彩。为什么我们喜欢看这样的主题？因为电影里的英雄为我们诠释了命运的最佳注解，释放了我们内心被封存的记忆，活出了我们最想要的范本。

只有通过这样"刻意"的考验，那个更高维度的"我"才能体会到各种精彩和感动，才能实现心智的成长和进化。

电视剧《新白娘子传奇》（2018版）中，白素贞在观音的点化下得以修成人形。她惊喜万分，为了表达对观音的感谢，她主动申请要摒弃红尘，皈依三宝，观音却说："你尚未入红尘，又何谈弃红尘呢？人有七情六欲，要体验诸多诱惑，学会克服、放下、悲悯，才能脱离凡尘修得正果。"

所以人间是一个很好的历练心智、提升能量值的场所，既然我们来到了这个可以对我们进行针对性训练的地方，那目的就很明显了。但你如果并不知道到这里的作用是什么，也不知道自己为什么要来这里，那就只能每天看着一堆讨厌的训练道具抓狂了。而训练到位的人却能从中得到巨大的心灵上的收获，与高维度的自己产生共鸣，从而改变命运。

比如，哪吒后来成功反转，是因为他发现自己错了，这个世界并不是充满了虚伪和嫌弃，而是充满了爱；袁了凡改变了自己的命运，是因为他懂得了行善……

他们都没有随波逐流，按照既定的剧本前进，而是**在更高的维度提升了认知层次，并在低维度勇敢行动，在知行合一的过程中做出了质的改变。**

所以，我是谁呢？我是自身命运的制定者，也是自身命运的打破者。我在高维度的空间写好了"充满限制条件"的剧本，在低维度的空间运行（上演）这个剧本。如果在运行的过程中，低维度的我毫无意识地照常演出，把日常挑战当成砌砖一样，日复一日，没有任何惊喜和剧情转折，那高维度的我一定会瞌睡连连；如果演出结果更糟糕，高维度的我就会扼腕叹息；如果低维度的我能够有意识地觉察到剧情，并用积极乐观的心态提升能量值来逆转剧情，高维度的我一定会欢呼雀跃！

你可以好好想想，在你大部分的人生中，你是感到无趣、无聊、扼腕叹息还是激动喝彩？想明白后，你就知道你的演出结果了。

生命蓝图
透视过去、改变现在、预演未来

·1.4 改变成见，提升能量·

电影里总是充满了矛盾和冲突，我们的人生也是如此。一方面，我们给自己创造了"匮乏"的"局"，然后产生了相匹配的各种信念，让我们在"局"里反复斗争；另一方面我们又希望自己能在其中保持清醒，改变信念、提升能量，打破环境的束缚，从而改变人生。

想完成这个艰巨的任务，我们先要了解清楚，日常的信念一般是怎样的，它是如何运作的。

降低能量的信念环

在"正常"的情况下，我们会自动采用如下图所示的这套信念循环系统。

在这套信念循环系统里充斥着各种成见，其中威力最大的是"觉得自己不够好"，这种成见达到极致时甚至可能使我们产生抑郁，可以说它的危害极大。

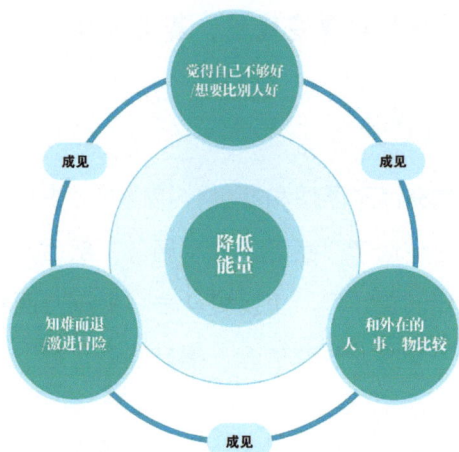

我们总是觉得自己不够好，同时又希望自己比别人好，这是因为我们会无意识地和别人比较，而不是有意识地去认识自己的特点和优势。比较完，接下来我们就会在竞争和比较中考虑自己下一步要怎样，而不是思考自己真正喜欢和想要什么。比较过后的结果，要不就是变得激进、冒险，最后栽个大跟头，要不就是变得越来越"怂"，然后就更加验证了自己确实不够好，却依然期待自己比别人更好。在这种落差中，我们很难快乐起来。

需要注意的是，"比较"本身没有问题，但当你带着负面的情绪去比较时，就会产生更多的负面情绪；当你带着正面的情绪去比较时，就会看到自己更多的特点。而我们在比较时，往往会习惯性地关注自己的缺点和不足。

生命蓝图
透视过去、改变现在、预演未来

在这样反复循环的过程中会积累巨大的惯性力量，让我们神不知鬼不觉地"入局"，用各种"剧情"全方位地证明"我不够好"，比如没钱、没人爱、患有各种疾病，并且类似的剧情会反复上演，愈演愈烈。

每个人的剧情其实就是"局"的设定和信念模式的组合。只不过，"局"本身是中立的，只有和特殊的信念结合并产生行动才能触发对应的效果。不同的信念结合同样的"局"会产生截然不同的剧情。

比如，同样都是单亲家庭，哥哥开朗乐观，觉得从此以后终于不用看父母天天吵架了，他可以更加专注地学习，最后考上了重点大学；而弟弟悲观消极，觉得自己实在是太不幸了，为什么别人有的自己却没有，最后很可能自暴自弃，成为不学无术之人。

我有个朋友，刚毕业的时候，她母亲被查出癌症晚期，很快就去世了。她始终走不出来，觉得母亲太苦了，这么善良的人却没有好结果，那人生的意义是什么呢？渐渐地，她觉得自己一无是处、无能为力，后来被诊断出患有抑郁症。我还有个朋友，也是在她刚毕业不久的时候，她父亲遭遇了意外，当天就去世了。她忍住悲伤，每天都给濒临崩溃的母亲讲各种笑话，哄她开心。虽然父亲的离去让她依然难以释怀，但是她决定化悲痛为动力，加入当地的抗抑郁组织，帮助患有抑郁症的人，她说这就是她人生的意义。

虽然我们无法改变环境和我们痛苦的经历，但是我们有改变

信念的自由，积极的信念更容易帮助我们改变现状。反之，如果遇到不幸就陷入消极情绪里一直走不出来，只会产生更多的不幸。更糟糕的是，随着时间的推移，这股消极力量会越来越大，让我们的积极能量变得越来越低，生活质量越来越差。

所以，我们看很多人年轻时踌躇满志、意气风发，到中年时却变得意志消沉、消极认命，老年时想起流逝的岁月心有不甘，却已经无济于事。

歌曲《老男孩》中的一段歌词唱出了很多人的心声：青春如同奔流的江河，一去不回来不及道别，只剩下麻木的我，没有了当年的热血……

遗憾的是，这是无数消极之人的生命历程。

看到这里，你还会继续相信"吃得苦中苦，方为人上人"吗？老一辈人吃的苦肯定比年轻人多吧，但是结果却不一定是好的。如果在吃苦的过程中没能改变过去的成见，你吃的苦只能让你的生活更苦。

这就是真正意义上的"轮回"，从字面上看就是反复循环，并且一圈比一圈力量大。如果我们找到了正确的方向，它可以帮助我们积累幸福；如果走了反方向，它就会让我们积累不幸。但越是不幸，你才越有动力去反思这到底是怎么回事，才越有机会改变方向。

可能你会问，为什么我们会无意识地和别人比较，以致形成

生命蓝图
透视过去、改变现在、预演未来

了"觉得自己不够好/想要比别人好"的成见，从而导致能量不断降低呢？这样设定的意义是什么？

这是为了通过加大难度来挖掘我们的无限潜能啊。就好像跳高比赛一样，为了跳得更高，为了突破极限，就要不断给自己设置更高的难度和挑战才行。只有经历这个过程，我们才可能不断突破自己、提升能量。这个设定妙就妙在：我们的眼睛天生是往外看的，所以自然会先看到外面的人、事、物而忽视自己的内心，但实际上，我们看到的一切反而是内心世界的折射。因为外境，也就是"局"都是中立的，结合了我们的各种信念才构成了不同的剧情。

这让我想到了在电影《头号玩家》里，众多高手齐聚参与赛车比赛，大家激烈地你争我夺，却败在重重关卡之下，谁也无法顺利通关。主角韦德意识到，靠常规的方法是不可能成功的，于是他开始寻找不同的方式，最终他做了一个与众不同的决定：向后退去，朝相反的方向开。结果一路畅通无阻，韦德第一个冲过了终点线。假如这个比赛设置的关卡没有那么困难，而是有机会用常规方法通过，那么韦德也就不会考虑另辟蹊径了。

人生的奥秘便是如此：生活的艰巨只是为了让我们"回头"，大多数答案都不是表面上看到的那样。你必须反其道而行之，才有可能成为"头号玩家"。

提升能量的信念环

与低能量的初始信念循环系统相对应的，是高能量的信念状态。想要得到它很简单，我们只要怀着积极的心态，反转低能量的初始信念循环的内容就可以了。

"觉得自己不够好/想要比别人好"体现出的是一种不自信的状态，与之相反的就是"觉得自己足够好"，也就是"自信"；"和外在的人、事、物比较"说明没有找到属于自己的方向，那么反过来就是"找到适合自己的方向"，其实就是找到"天赋"。因为没有找到天赋，我们总是在和别人比较的过程中决定是否行动，所以不是"知难而退"就是"激进冒险"。反过来，如果是根据天赋采取行动，那就是"创造"。

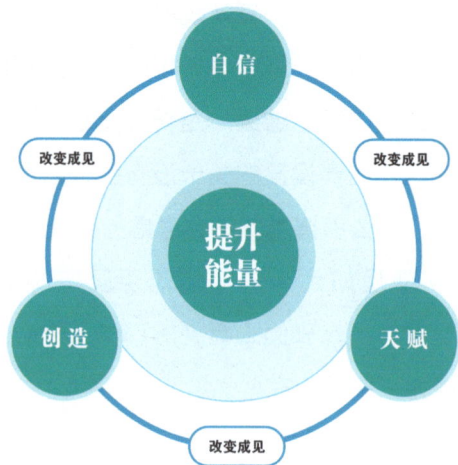

生命蓝图
透视过去、改变现在、预演未来

综合起来就是：无论经历什么，我们都需要保持自信，不要盲目和别人比较，而是要努力认识自己的特点、发掘天赋并大胆创造，在创造的过程中又可以继续认识自己的特点并提升自信。

在这样循环的过程中，我们要一直保持正确的信念并不断加深，从而提升能量。能量提高了又会带来正确的信念和行动欲望，保证这个循环自行运转下去。这就像车轮一样，一旦朝着确定的方向前进，就能很快靠惯性自行运转下去，随着时间的积累，你慢慢就能成功。

还记得我在"1.2 认识使命，做人生赢家"里提出的问题吗：如何冲破"局"的阻碍并勇敢行动，最终改变原先设定的剧本，完成人生使命？

现在答案已经揭晓了：高维度的我们为了提升游戏难度，特意设置了自动降低能量的信念循环系统，我们在其中越毫无方向地"努力"就输得越惨；而取胜的秘诀是反其道而行之，通过自信、天赋、创造的正向循环系统提升能量、逆转剧情。

保持正能量的信念

当然，上述两种模型都过于绝对了，真实的人生是喜忧参半的，既有欢乐和感动，也有痛苦和遗憾。我们很少遇见绝对幸福或绝对不幸的人，这是因为我们每个人都既有正向的信念也有负向的信念，这样拆开来描述是为了方便你理解。

不过即便我们有正向信念，也很难保持，因为我们的信念容易受到环境的影响：处在巅峰时觉得自己无所不能，处在谷底时又觉得自己一无是处。

所以，**我们要训练的是一种让状态持续稳定的能力，无论处于高潮还是低谷，都持续地肯定自己、信任自己。自信是一切成功和幸福的来源。**

《小狗钱钱》里有句话让我印象特别深刻："你是否能挣到钱，最关键的并不是你有没有好点子，也不是你有多聪明，而是你的自信程度。"

前几天和一个朋友聊天，说起一个前同事的"事业三级跳"：先是从一个普普通通的产品经理跳槽到知名的互联网公司做核心的项目，然后又跳槽到银行做高管，待遇总共翻了5倍。我问朋友他是怎么做到的，朋友说应该是运气吧，还有就是他非常擅长包装。我继续问："他是不是一个特别自信的人？"朋友想了想说："是的。"

这样看来就很清楚了：运气好、擅长包装只是外人看到的表面现象，只有你不相信他有实力、理应改变命运的时候才会认为他是靠"包装"成功的；但当事人相信这就是他的实力，于是那些"包装"就成了他真正的价值。

可以衡量我们现阶段人生使命完成度的，绝不是你是否美

生命蓝图
透视过去、改变现在、预演未来

貌、是否出身高贵、是否功成名就，那些都是世俗对成功的定义。真正的成功是你有足够的自信，能不被外界的环境和限制左右，活出真正的自己，体会到足够的快乐和价值感。当然，这样的人一定也很有可能已经功成名就。**功成名就只是成功的附属品，而不是成功本身。**

通过课题改变信念

通过前面的分析我们了解到，建立正确的信念循环系统是关键，它可以提高能量并更改剧本：初始信念系统+提前设定好的"局"是你的初始剧本，你的自信程度+稳定状态的能力+提前设定好的"局"是你实际运作的剧本。**我们完整的人生使命，就是把初始的负向信念循环改变成稳定的正向信念循环，赋予原来的"局"不一样的意义，从而改变我们的人生剧本。**

以前我一直以为人生使命是类似这样的一句话：我要用毕生的精力做一件事，为他人提供更好的服务。

现在我才明白，**首先，人生使命不是线性的，而是一个正向信念循环。**

其次，做什么事情并不重要，只要你的信念是正确的，无论做什么事情都会很有价值。

最后，人生使命不是为了他人，而是需要聚焦在自己身上，

自己都没做好，又何谈为他人服务呢？

但是我们如何完成人生使命，如何从初始的低能量信念状态过渡到稳定的高能量信念状态呢？说起来简单，实践起来就难了。就拿自信这件事来说吧，即便我们都知道自信很重要，但如果让一个不自信的人转变成一个自信的人，那真是比登天还难。

这中间我们要克服一个个挫折，就像西天取经一样经历"九九八十一难"，这些挫折就是我们的一个个人生课题。当完成这些课题时，我们就顺利通关了。

可是，这样看来我们似乎无法主动做什么，只能被动地等待各种挫折出现。这让我突然想到一个段子，有人问郭德纲："为什么大多数人能接受生活中的各种苦，却不愿去面对学习的苦？"郭德纲回答："懒呗！学习的苦需要主动去吃，生活的苦……你躺着……它就来了……"

如果不想这么被动地等待生命的"惊喜"，我们不妨主动出击，和这些人生课题提前会一会，当我们有能力完成并通过考验，就不会再受到类似问题的困扰了。这就好像考试，要想取得高分，肯定不是被动地等待在考场上和难题相会，而是事先主动温习功课，做相关的习题并找到规律，这样到考场上自然就胸有成竹了。

如何主动找到人生课题呢？除了最重要的三大基本课题——自信、天赋、创造之外，其余的相关课题就隐藏在我们初始设定的剧本中。

生命蓝图
透视过去、改变现在、预演未来

人生使命究竟为何

正向信念循环，正确的信念，聚焦自己

① 认识自身特点和限制
② 相信无限可能
③ 运用特点完成使命

如何提升

提升价值能量

???

高维

认知层次

信念

知行合一

行动

低维

冲破"局"的阻碍，勇敢行动，改变剧本

自信 天赋 创造

「我不够好，没人爱，没钱」

破局

自信是一切成功和幸福的来源

CHAPTER 02　剧本中的常见课题

·2.1　典型信念 + 典型局 = 典型剧情·

通过第1章的内容，我们了解到"信念+局=剧情"。局本身是中立的，和特殊的信念结合才能触发效果。

我们通过这个公式分析常见的剧情，就可以拆解出导致这个剧情的信念，而改变这个信念就是我们要完成的课题。

人生最消极的信念是"我不够好"，最积极的信念是"我是最棒的"，从最消极到最积极，这个课题的完成难度是最大的。但是我们可以一点一点来，先从其他简单的课题开始，直到完全攻破最高难题。这就好像我们要先上小学，做小学的题目，然后再上中学，做中学的题目，然后才能读到大学。如果我们一开始就做大学的题目，那肯定会手足无措。

所以在这一章的内容里，我将详细举例说明典型的信念和典型局引发的典型人生剧情。这些典型剧情可以帮助我们更好地认识与"我不够好"相关的其他信念（相当于"我不够好"的子集），然后将这些信念逐一击破。

生命蓝图
透视过去、改变现在、预演未来

不过呢，**我这里说的"击破"不是与它势不两立，而是和它成为朋友。**在《哪吒之魔童降世》里，本应势不两立的灵珠和魔丸居然无意间成了最好的朋友，最后更是携手共同抵抗天命，我觉得这一幕的寓意实在是太好了。

想想我们完成难题的时候，是要抱着消灭它的态度吗？完全不是。我们要做的是理解这道题的思路以及背后的意义，这样自然而然就能解决它。有句话叫"消灭敌人最好的办法是和他成为朋友"。所以，要想改变成见，我们需要先理解它存在的逻辑和机制是什么。

"成见"是一个中性词，代表固定的认知、思想、习惯的看法等。我们前面提到的那些信念，都可以替换成"成见"，是同一个意思。它既可以表达比较好的含义，比如"胸无成见，必然随波逐流"，就是说我们要有自己的思想和判断，不能人云亦云，也可以表达贬义，表达误解、偏见、限制性思维等。

每个人都离不开"成见"，如果没有成见，我们就无法存活了。成见帮助我们辨认出什么是对我们有利的，什么是不利的。比如，蚊子很讨厌，它会叮咬我们，所以要远离；饭很香，所以要多吃一点；这小猫好可爱，我很喜欢；蛇看着好危险，我得小心……

人脑的工作机制其实和电脑很类似，会给各种各样的事物贴上标签，方便我们认识和管理。这样，即便我们每天面临海量的人、事、物，也不需要耗费大量脑力就能够快速辨认和识别，趋利避害。但这种机制也会带来明显的副作用：对事物形成刻板的认识。由于它是自动触发的，所以我们很难意识到其中有错误或受限的观点并加以改变。

如果这么说你感觉比较难理解，那不妨想象一下我们和传统观念中的母亲的关系。比如，母亲从小就给我们输送各种知识和信念，并且为了我们的安全告诫我们不能这样、不能那样……此外，母亲还很喜欢把我们和"别人家"的孩子作比较，从不夸赞我们，怕我们骄傲。有的非常极端或强势的母亲，甚至会严格操控孩子的一切，为孩子制定自以为"理想"的人生。如果这个孩子想按照自己的心意活，就得努力突破这些限制。然而要突破限制，绝不是要"消灭"母亲，因为母亲这样做的本质是希望自己的孩子能过得好，只是用了"受限"的方式而已。

有一种说法是：如果你能处理好和母亲的关系，你就能够处理好和这个世界的关系。这么说不无道理。

如果你有一位强势、严厉、掌控欲极强的母亲，你应该如何处理好和她的关系呢？我有个老师，她采取的做法很值得借鉴。她的母亲在她小时候经常痛打她，把棍子都打断了，并且经常嘲讽她，从来不肯定她，但是现在她们的关系很好。这位老师的做法是：把母亲当女儿宠，因为她知道母亲这样对待她是因为母亲小时候也是这么被对待的，没有得到过足够的爱自然就不知道该怎么爱别人。她很认真地用自己的方式爱母亲，每天都夸赞、陪伴母亲，给母亲足够的爱。面对如此"强大"的女儿，母亲哪里还有理由再通过各种限制来"保护"她呢？

这其实就是成见的特征：它是中立的，你给予它什么，它就强化什么。你给它爱，它就强化爱；你试图对抗它，它就强化这种对抗的力量，从而加深了原有的成见。如果我的老师没有进行反向操作，那她就会凭借"惯性"把母亲的"爱"再传递给自己的下一代，如此一代传一代、愈演愈烈。注意这个反向操作绝不是"反抗"，一旦反抗，这股负向的力量只会加大原有的"惯性"，不仅让母亲变得更加强悍，也会让你变得和她一样对子女暴躁不堪。正如强悍的母亲试图反抗她的父母那样，如果没有强大的爱做抗体，成见就会像传染病一样四处蔓延。

唯有发自内心的爱，才能扭转乾坤。如果你只是为了让周围的人对你更好而勉强夸赞别人、陪伴别人，或是逆来顺受、委曲求全，这同样也是负向的信念，不会起到任何作用。

总之，事物的存在都有两面性，我们要做的不是一味排斥，而是客观认识到成见对我们在生活上的帮助，了解它的存在，然后好好认识并学习各种成见对应的典型剧情。见得多了，我们自然就能够轻松识别它、理解它，用爱转化它、驾驭它，让它从此以后可以更好地为我们服务，而不是完全被它掌控。

· 2.2 我不够好 + 财富局 = 我没钱 ·

我们都听过：一生二，二生三，三生万物。

每个人心中都有成见，这无法避免。成见接连衍生出了"我不够好"和"我要更好"的孪生信念。这两种不同的低能量信念不断交替，结合财富、情感、健康这三大典型局，构成了各种衍生的消极信念和起伏不定的剧情。

当你怀有"我不够好"或类似的信念时，遇到财富局，将产生怎样的剧情呢？

钱总是不翼而飞

我有个朋友，专业能力挺出色的，但很奇怪的是无论别人怎么认可他，他都把自己看得很低，总是非常谦卑。他收入一年比一年高，但始终存不住钱。他的钱不是用来买彩票，就是请客吃饭，要不就是被莫名其妙地借了出去，并且他还不记得借给了谁。我经常跟他开玩笑说："你是不是和钱有仇？"

我还有个亲戚，从小到大一直都很优秀，他放弃了待遇优厚的稳定工作，不顾家人反对开了家公司。一开始他确实赚了不少钱，但是后来资金链出了问题，把本金都亏没了。后来他又去郊区做养殖生意，靠着强大的自学能力和吃苦耐劳的精神，辛辛苦苦赚了点钱，但是却总是遇到赖账的客人，最后居然被欠账十几万元。再后来他退休了，把剩余的积蓄购买了理财产品，结果那家公司的老板破产了，这笔钱又收不回来了……

这两个人有很多共同的特点：对人非常和善，宁愿牺牲自己的利益也要满足别人。这种无意识地"刻意讨好"外人的模式，其实是不自信的表现。他们生怕不刻意讨好别人，就会失去所有关系。这种心态反映在金钱上，就是我不配、我不值得。

此外，他们都非常辛苦，可以说是典型的"劳碌命"。他们兢兢业业地赚钱，却因为人情问题处理不当（不好意思拒绝借钱的兄弟/不好意思拒绝赊账的请求）而让钱无声无息地溜走。

好了，现在我们从类似的剧情中分析公式：

我不配（信念）+财富（大局）+努力赚钱（小局）=钱不翼而飞（剧情）。

很显然，这是一个带着负向信念的公式，对应的正向信念公式是：

我配得上（信念）+财富（大局）+努力赚钱（小局）=积累财富（剧情）。

越焦虑就越没钱

我有个老师，以前做过生意，本来做得挺好的，后来她有点急功近利了，不停地扩大规模，结果服务跟不上，公司业绩越来越差，居然陷入了负债模式。她那个时候变得特别焦虑，头发大把大把地掉，但是公司依然没有任何起色。后来她终于想开了，决定接受现实，放弃多余的业务，裁掉部分员工，稳扎稳打，慢慢还债，结果公司居然开始出现转机了。她问身边的人，到底从什么时候开始变好的？他们回答说："从你又开始会笑的时候。"

人之所以会焦虑，是因为觉得自己没有能力战胜眼前的挑战。当你能够气定神闲地接受一切，在自己力所能及的事情上展开行动，摆脱"我不行"的成见时，境遇自然就会出现转机。这就是"境由心生"。

我自己也曾经在工作中陷入焦虑的状态无法自拔，我发现公司高层很焦虑，我的老板很焦虑，每一个人都很焦虑，我实在是受够这种环境了。我想起很多人说自己如何勇敢地辞去工作，然后通过天赋在快乐中获得无尽财富的故事。我的内心蠢蠢欲动，考虑是不是应该果断地换一种方式生活，而不是像现在这样压抑自己。但是我一想到辞去工作就更觉得焦虑，担心没有稳定的收入。另一个声音又时不时地在我耳边响起："你不抛弃现有的，怎么能获得新的机会！"

　　就这样我反复纠结，下不了决心，索性不去想它了。第二天，我早早处理完工作上的事务，开始写自己的东西，到了下午一点多才懒洋洋地去食堂吃饭。那个时候食堂已经没什么人吃饭了，我一个人悠闲地望着窗外，沐浴着温暖的阳光，吃着可口的西餐，看着远低于市场价的账单，突然觉得人生其实很幸福。吃过午饭，穿过空无一人的宽敞的长廊，享受着这悠闲静谧的时光，这不就是我想要的生活吗？既有稳定的收入，又能抽空做想做的事情，还有足够安静不受打扰的空间……如果我非要换一种生活方式，其实不也就是这样吗？

　　所以，当你觉得现状不佳，很想要改变这一切时，不妨试着先让自己的心态改变。如果你的心态如同度假般美好，你就能立刻把场景切换成度假状态；如果你的心态如同深陷监狱一般，你就会立刻把场景切换成监狱。如果你的心态没有改变，无论身处哪里，都是同样的结果。

　　所谓幸福，就是在别人埋怨豆浆油条的简单时，你感叹每天能喝一碗豆浆、品尝一根油条是多么惬意，多么幸福美满。事实也确实如此。

　　负向公式：我不行（信念）+财富/事业（大局）+焦虑应对（小局）=负债（剧情）。

　　正向公式：我接受（信念）+财富/事业（大局）+从容应对

（小局）=出现转机（剧情）。

只能赚固定收入

除此之外，我们要想有钱，还有一点非常重要，就是"不歧视钱"。你可能会觉得奇怪，钱这么好的东西，人见人爱的，怎么会受歧视呢？其实钱在这个世上真的是受尽了白眼啊，什么"一股铜臭味""钱好脏""万恶的金钱"，不都是对钱的成见吗？

比如，我一个好朋友的妈妈从小就嘱咐她：千万不要露富，不要穿得很高调，这样容易被坏人盯上。她小学时在作文里写"家里有很多工艺品……"，也被妈妈要求删掉。戴个项链什么的更是不被允许，即便是很便宜的也不行。因为对他人的过度防范，所以她从小就没有什么社交，失去了很多潜在的人脉和工作机会。这些人的潜台词就是：钱和过多的人际关系都会带来灾难，安全最重要。

受她妈妈的影响，朋友一直坚决反对买房子，觉得租房更划算，但是却忽略了房子一直在升值的事实。她有一个很坚定的内在信念：天上不会掉馅饼，钱不可能来得这么容易，只能通过正常的工作渠道获得。

这个信念直接限制了她的财富来源。当然这对她来说可能是一种比较舒服的方式，因为不冒险、不够有钱会让她觉得比较安全。

每个人对钱都有不同的看法，还有很多人认为有钱人的钱都来路不正。这世上确实很多干坏事的人或品行不端的人，他们比善良的人更加有钱。这让很多人产生了误解，以为心术不正的人更容易赚到钱。其实，钱多钱少和道德、能力虽然有一定关系，但它和我们是否自信以及对钱的态度更密切相关。

比如，你觉得钱是辛苦挣来的，你就会无意识地选择看起来比较辛苦的工作，自动屏蔽那些能轻松赚钱的途径。如果你觉得钱是罪恶的，你就会拒绝能额外获得钱财的任何机会。

我有一个同学，她一直认为自己特别正直，并且以此为荣。她说工作中有很多额外赚钱的机会（都是合理合法的），她全都坚定地拒绝了，她认为这是上天对她是否足够正直的考验。在感情上也是如此，凡是主动追求她的，条件再好她也不要，她一定要通过努力主动追求自己的幸福。她还没说完，我们全都不厚道地哈哈大笑……没想到这个世界上还有这么"可爱"的人。

我们的人生剧本，真的都是我们自己写出来的。有什么样的信念系统，就写出什么样的剧情。当我们觉得"我不够好"时，就会演出各种悲惨的人生剧本，因为这种剧本和"我不够好"的主题是呼应的。同理，如果我们觉得"钱不够好"，那我们就会上演各种没钱的剧本，因为这和"钱不够好"也是呼应的。

　　负向公式：钱不够好（信念）+财富（大局）+拒绝机会（小局）=没有额外收入（剧情）。

　　正向公式：钱是中立的（信念）+财富（大局）+接纳机会（小局）=增加额外收入（剧情）。

只能靠辛苦赚钱

　　钱是完全中立的，没有好坏、善恶之分。

　　钱不会让你变得更善良或更邪恶，它只会放大你本来就有的特点。如果你是善良的人，有了钱之后你会帮助更多人；如果你是邪恶的，有了钱之后你就会用它去作恶。然而，钱分不清你的用意是好是坏，它只看你"爱"它的程度。

　　这个"爱"，不是我们表面上理解的对钱财的贪婪或对赚不到钱的恐惧。如果你是这样理解"爱钱"的，那么你很可能会认为钱是要用体力、快乐来交换，或者要拼命积攒才能有钱。

　　我有个朋友，她说她不敢要孩子，因为觉得人生太辛苦了，她不希望以后自己的孩子也这么辛苦。我问她为什么会觉得人生很辛苦，她说因为自己过去的经历就很辛苦，虽然现在收入也还可以，但真的是非常辛苦才获得的，所以她认为人生很辛苦。我说："你把逻辑搞错了，并不是赚钱很辛苦，才导致你觉得'赚钱很辛苦'，而是你先有了'赚钱很辛苦'的信念，才导致了

'赚钱很辛苦'的结果。也就是你的信念决定了你的剧本。"

我还有个特别实在的朋友，他的每一分钱都赚得特别不容易，但凡能赚点钱，那一定是他付出了巨大的代价，搞得自己身心俱疲。只要放松一点点，他都觉得赚不到什么钱。他身边也有能轻松赚钱的人，但是他觉得那是偶然现象，不是常态。他的这种成见也导致他不可能轻松赚钱。

那么，真正的对财富的"爱"是什么呢？是天赋、喜悦和幸福的流通。

《小狗钱钱》里的主人公吉娅是一个12岁的小女孩，她喜欢照顾小狗并训练它们。因为这个兴趣爱好和天赋，她得到了照顾邻居们的小狗的机会，并得到了不菲的报酬。吉娅可以用这笔钱实现心愿，比如买一台笔记本电脑，或者去美国游玩，还可以用它来做其他让她快乐的事情。她的爸爸有一家自己的公司，以前他总是独自打理一切，舍不得花钱请人帮忙，每天既辛苦又焦虑，并且该公司一直处于负债状态。后来他听取了一位高手的建议，雇了两个伙计，把自己不喜欢也不擅长的事情交给其他合适的人去做，自己专注在处理擅长的事情上。从此以后吉娅的爸爸每天都高高兴兴地工作，还会吹吹小曲，再也不必为公司的事情烦心了。

财富的本质不是斤斤计较、用辛苦交换，而是天赋、喜悦、祝福、爱的流通。每个人都有自己擅长的领域，我们靠自己的特长和行动赚钱，然后再用钱去买别人用天赋创造的价值。在这个过程中，每个人都在快乐地创造，也都能在社交关系中通过协作和交换各取所需。这是多么美好的景象啊！

很多人都会说：我没有天赋啊，我只会做现在的工作。其实**天赋真的不是从天上掉下来的，而是要主动发现、主动探索、主动尝试**。比如，吉娅发现自己很擅长遛狗，这对一般人来说可能并不算什么天赋，可是别忘了有很多人真的是懒得天天遛狗或没有时间啊。我还知道有个全职主妇，把带娃、烹饪、做点心发展成了自己的爱好，也获得了很多收入，比普通上班族的收入还要高。你应该留心观察你在什么方面花的时间、金钱、精力最多，对什么最感兴趣，最愿意分享什么，最擅长什么。不用怀疑，那个就是你的天赋。

有个朋友跟我说，公司最近调整了战略方向，她们整条业务线都荒废了，她现在每天无所事事，特别不踏实，要是有个副业就好了，但是她除了现在的工作其他啥也不会做。我说："你可以把现在的工作发展成副业啊，比如分享心得、授课之类的。"几天后，她对我说："我认真地思考了好久，我是因为喜欢才一直从事现在的工作，但是之前从来没有想过把本职工作发展成副业，总觉得副业一定得是另外的东西。现在我报名了公司的培训师课程，也在着手研发自己的课程，感到特别充实。"

所以，只要认真挖掘，每个人都可以找到潜在的天赋。

生命蓝图
透视过去、改变现在、预演未来

我一直觉得，钱就是上天给我们的礼物。我们越自信，越能发挥天赋、才华，越能勇敢创造，越有交换和协作意识，越喜悦、富足，自然就越有钱；反之，我们越是不自信，越是消极悲观，越是裹足不前，越是焦虑不安，自然就越没钱。上天只是想通过钱这个工具，让我们明白什么是生活的真谛。如果我们理解了就会得到财富，反之就会体验贫穷。这绝不是什么奖赏或惩罚，而是通过这样的反馈机制让我们更容易理解和发现真相，这是多么用心良苦啊！

负向公式：辛苦才能赚钱（信念）+财富（大局）+只做日常工作（小局）=收入有限又辛苦（剧情）。

正向公式：快乐更容易赚钱（信念）+财富（大局）+尝试其他可能（小局）=轻松赚取更多收入（剧情）。

爱面子，不敢要钱

当然，不管我们的理念多么正确，如果不行动也是没用的。但是如果你足够自信，你就会自然而然地采取不同于以往的行动。

就好像家里的餐桌上摆上了香喷喷的饭菜，你会不假思索地拿起筷子夹一口尝尝，而不会去做各种思想斗争，比如吃饭是否是罪恶的，自己是否配不上这些饭菜，吃完了没有了应该怎么办，要怎样去吃这口菜，第一步该怎样，第二步该怎样……

我们知道，这口菜完全在我们自己的掌控中。然而，面对赚钱时我们却容易心生恐惧，觉得自己搞不定，又怕丢面子，因而裹足不前。

举个我自己的例子吧，我之前写过两本专业图书，在业内积累了一定的知名度，后来我又发布了一套原创理念，反响也很好。我想要趁热打铁开办线上课程，通过和学员互动不断完善这套理念，但是在收费这个问题上我始终犹豫不决。价格定低了吧，对不起这套原创理念和我的劳动付出；定高了吧，又怕没人报名。另外我也很在意同行会怎么看我，会不会觉得我太贪财了？会不会觉得我过得不好缺钱了？如果没人报名导致课程开不起来，那多丢人啊……类似的思绪没完没了，我编出了各种可能的剧情来吓唬自己，避免我做出从前没做过的"傻事"，从而降低未知的风险，这样人生才稳妥嘛。

后来在我的两个好朋友的极力鼓励下，我才勇敢地踏出了这一步，在自己的公众号上发布了招生宣传。那段时间我一直忐忑不安，害怕没人报名，害怕自己沦为笑柄。但事实证明我想多了，因为3个月内有近百人报名单价5 000元的课程，我第一次有了一种"钱来得好容易"的感觉。

其实并不是钱来得很容易，而是我们不自信、害怕失败、对钱有成见，从而阻隔了我们与它的联系，使得大部分的钱都显得

生命蓝图
透视过去、改变现在、预演未来

那么的来之不易。

　　很多特别会赚钱的人，光看背景可能挺普通的，也没有多聪明、优秀，但是他们一定是非常自信的。他们不害怕困难、失败、丢面子，所以他们勇于行动，不错过任何一个机会。一旦发现某条路走不通，他们不是悲观消极地否定自己，而是立刻展开下一个行动。换位思考一下，如果你是钱，你是愿意选择跟一个特别自信、特别欢乐、特别爱自己、勇于付出行动的人玩，还是主动去接近一个胆子小、不自信、没有行动、对钱还有成见的人呢？

　　负向公式：我害怕失败（信念）+财富（大局）+不敢行动（小局）=怀才不遇（剧情）。

　　正向公式：我能赚到钱（信念）+财富（大局）+勇敢行动（小局）=钱来得更容易（剧情）。

·2.3 我不够好 + 情感局 = 没人爱·

　　情感和财富很相似，它本身是中立的，不会让你变得更好或更坏，而是放大你本来就有的东西。但是情感比财富要更加复杂，对于情感来说，你爱某个人，无条件地为他付出，他未必会同样地回报你。但是钱没有那么多限制，它是流动的，可以今天属于A，明天属于B，后天属于C，而情感则需要有比较固定的归属。

　　这里所说的情感不仅仅是爱情，也包括自己和自己的情感、自己和家人的情感、自己和朋友的情感等。

　　如果你在人生中遇到的最棘手的问题不是财富问题而是情感问题，那么恭喜你，你已经克服了简单的模式，进入了高级的阶段。因为当你有足够的勇气迎接挑战，你才会经历这些问题。所以请首先肯定自己的勇气，不要觉得是因为自己不够好或是做错了什么才会陷入情感问题中。

愧疚却于事无补

　　愧疚感或负罪感会对人产生非常严重的不良影响，所以它的存在在大多数时候是没有必要的。

我认识一个很优秀的女孩，在她很小的时候，她无意撞见了父亲和其他女人亲热，然后她告诉了母亲。母亲知道后非常生气，和父亲闹到了法院，后来离婚了。母亲因此受到了很严重的打击，再也无法去爱这个女孩，因为看见她一次就伤心一次。为了能够得到母亲的爱，她一直努力证明自己，也确实变得非常优秀，但是却始终无法让母亲爱自己，这是她心里永远过不去的一个坎儿。

她始终对母亲怀有愧疚感，觉得都是自己的错，导致了母亲一生的不幸。但对于一个孩子来说，这是无法避免的。只有她彻底明白这件事与她无关，她没有任何过错，真正放过自己，才能从中得到解脱，并从中看到更深刻的智慧。这就是她今生的剧本和考题。

很多时候，我们会因为过失伤害到别人，因而心存愧疚，令自己一生都难以释怀。这其实是一种逃避，既然伤害到别人又无法补救，那干脆就和对方一样痛苦，借此消除自己的负罪感。其实，这是一种十分愚蠢的、自欺欺人的做法。

就好像我们在公司里，明明已经完成了工作却不敢回家，因为其他人还在加班，如果早回家就会有一种负罪感，不如在公司里耗着，这样心里就好受多了，而这样做其实对结果没有丝毫影响，还浪费了自己的时间。

我们很多人就是在这种无意义的状态中持续消耗自己，直到筋疲力尽。在愧疚的状态下，虽然我们表面上会想要努力补偿对方，但是一般来说对方不但不会领情反而还会感到厌恶。道理很简单，因为愧疚是一种负向的状态，而发自内心的爱是一种正向的状态。当你用不同的状态去做同样一件事情时，结果是截然不同的。就好像同一个服务员，分别用开心喜悦的状态和悲观消极的状态说"欢迎光临"，顾客的感受是完全不同的。

如果我们真的因为过失伤害了别人并且确实无法补救，那么首先请原谅自己、放过自己，然后勇敢承担起相应的责任，用积极的心态面对一切，而不是在后悔和自责中过完痛苦的一生。

负向公式：感到愧疚（信念）+情感（大局）+努力补偿（小局）=于事无补（剧情）。

正向公式：积极面对（信念）+情感（大局）+做好我自己（小局）=精彩人生（剧情）。

屡撞南墙不回头

情感关系有很多种，我们逐一来说，先说自己和自己的情感吧。绝大多数人都做不到百分百爱自己。只要你还有一点点不自信，对自己还有一点点不满足，你都没有做到完全爱自己。真正的爱是无条件的。就像《哪吒之魔童降世》里，即便哪吒是魔丸

生命蓝图
透视过去、改变现在、预演未来

转世，父亲依然愿意牺牲自己的性命来保他平安，这一幕感动了无数人，因为这就是爱。

但实际上，我们很难做到无条件地爱自己，我们会因为外在的事情而不断评判自己，形成每个人特有的成见，从而塑造自己的人格。贴标签本身就是大脑擅长做的事情，除非你能保持警醒并有意识地撕掉标签，否则它会一直发挥作用。

比如被领导批评了，我们会本能地觉得自己不行或是在内心埋怨领导；被伴侣抛弃了，我们会觉得自己魅力不够或是在内心责怪对方；被人坑了，我们会觉得自己智商不够或是对方太缺德；被人夸了，我们会开始飘飘然或觉得对方是不是有什么企图……

不管是觉得自己不行还是对方不行，其实都是不自信的表现。真正自信的人，往往只会看到别人好的一面，接纳别人不好的一面，因为他们心里没有"不好"的概念。

我有个朋友，她的年纪已经不小了，多年来她一直在互联网公司工作，非常辛苦。最近互联网行业不景气，她也不喜欢现在的公司，所以离职了。离职以后她又急着找新工作，面试了几家公司，对方的反馈都是想聘用年轻人，所以她又陷入了焦虑。我问她是否一定要立即工作才行，她说其实很累，非常想休息，但是又不敢休息，因为对未来很担心。我说："会不会因为你内在的诉求就是想休息，所以你才会离职然后又陷入找不到工作的境况。如果你内心的诉求始终得不到满足，又怎么可能找到理想的工作呢？"

　　她沉思了一下，说："可能真的是这样，我太想休息了。"我说："那你为何不趁现在这个机会好好玩玩呢，等休息够了再去找工作。"她说："我做不到啊，现在这么焦虑，怎么可能有心情好好玩呢，怎么也得找到工作了再说啊。"

　　很明显，这已经构成了恶性循环：要找到合适的工作才敢放松自己，但正因为不能放松自己才难以找到合适的工作……当我们带着焦虑去寻找新的工作时，往往不会找到真正合适的工作。

　　虽然如此，我还是帮她介绍了一些工作。我发现她虽然焦虑，但又要求很高，不能接受加班太多的地方，不能接受年轻人太多的地方，也不能接受不好沟通的老板……

　　因为觉得自己不够好，所以她当然也难以遇到令自己足够满意的环境。对自己的感情如此，对他人的感情也是类似的。很多人从上一段恋情走出来后，就急于进入下一段感情，但又挑挑拣拣总遇不到合适的人。因为她（他）们没有从上一段感情中得到新的智慧，自身没有改变，自然境遇也就不会有所改善。

　　当我们的人生遇到休止符的时候，往往是在提醒我们要好好爱自己，调整方向以进入新的轨道。比如，有的人突然失业，不得不自己创业，却成就了一番大的事业；有的人学历不高，却通过努力成了科学家；有的人被伴侣狠心抛弃，却遇到了真爱……

　　但是如果你没有意识到这是一个改变的机会，还在按照过去的模式生活，那可能就会进入无限循环的模式。只有你意识到自己内心真正想要的是什么，然后才有可能改变原先的路径。当你与自己和解了，周围的一切都会与你和解。

你可以尝试把过去几年的情感大事做个总结，看看里面是否有些情感模式是重复出现的，从中你很可能得到惊人的发现。

我曾在工作跌入谷底的时候回顾过去的经历，意外发现我的老板们有很多相似之处，这引起了我的警觉。为什么连续几任老板都如此相似？为什么我会一而再再而三地遇到同样类型的老板？我身上有什么样的特质吸引了他们？

经过对这些问题的思索，我发现我和他们一样从小没有得到足够的认可，有点自卑又不甘心，不能忍受比别人差，迫不及待地要证明自己。所以找工作时，我总会无意识地选择更困难、更不容易成功的业务。这样一旦以后成功了，就说明我确实很厉害，所以我自然会在这些业务里遇到有着同样想法的老板们。

结果呢？这些业务自然都没有成功，因为我们并不是怀着理想和兴趣在做这件事，而只是为了证明自己比一般人更厉害。错误的观念自然只能得到错误的结果。可是那个时候哪知道这些呢？于是我就开始抱怨，觉得自己怎么这么倒霉，总遇不到好业务，怎么身边的同行都能遇到那种又轻松、又有前途的好机会呢？难道做一个不甘平庸、努力上进的青年也有错吗？

当我后来看清这一切的时候，才明白了是"太想通过克服困难来证明自己"的心理让我一直深陷在辛苦、压力大、没结果、遇不到好老板的无限循环中，而这种心理来源于我的信念"吃得苦中苦，方为人上人"。既然我有了这个信念，那么自然就会出现不断吃苦的剧情，好满足我未来成为人上人的期待。

是不是很可笑？我们的人生就是这样，自己搬起石头砸了自己的脚，却还在到处质问：这是谁干的？

后来，我改变了这种想法，不仅再没遇到过类似的工作环境和类似的老板，还在工作中屡屡创新，做出了自己之前难以想象的成就。

负向公式：我不能停下来（信念）+情感（大局）+执迷不悟（小局）=类似的境遇反复出现（剧情）。

正向公式：停下来思考自己真正想要什么（信念）+情感（大局）+及时变道（小局）=开创新天地（剧情）。

付出得不到回报

我们总能看到或听说感情中一方为另一方无限地付出，却得不到相同回报的故事。这个道理和前面那个"愧疚却于事无补"的情况差不多：当你用负向的状态做事情时，得到的也只能是负向的结果。

没错，无限地付出是一种负向的状态，这和辛苦赚钱是一个道理，因为你内在有一个坚不可摧的信念：付出总会有回报。所以为了牢牢地绑住对方，为了从对方那里获取更多，你就拼命地付出。

我听过这样一个故事。妻子在公司里明明有着很高的地位、很好的待遇，却非要每天中午赶回家辛辛苦苦给丈夫做饭。过了一段时间，丈夫忍无可忍，和她大吵起来，说她这样做就是为了监视自己。妻子一肚子委屈，说："我这么辛苦，还不是怕你在外面吃不好吗，你怎么能这么想。"

还有一种常见的情况，就是父母为孩子操碎了心，倾其所有，非要把孩子培养成杰出的人才，最终导致孩子心生叛逆，让父母后悔莫及。而孩子以前听得最多的一句话就是"我这么做都是为了你好"。让一个不懂爱的人去爱别人，那真的是一场悲剧！

类似的例子不胜枚举，剧本大体都是一个人为了满足别人牺牲自己的时间等，不但得不到对方同样的回馈，反而可能造成不快甚至酿成悲剧。

当你不把焦点放在自己身上，而是过多地放在别人身上时，对方感觉到的往往不是爱，而是压力。就好像吸气少、呼气多，把自己弄得气喘吁吁，也把别人弄得消化不良，大家都难受。

每个人天生就有自己照顾好自己的能力，就像大自然的花草树木，不需要人工栽培也可以茁壮成长。一味地付出不仅给别人增添了负担和压力，同时也在证明自己不够重要、不值得被爱。那么，人生当然要上演一出你不值得被爱的戏剧给你看，这就是我们前面说过的规律，你相信什么就看到什么剧情。

当你开始好好爱自己，把自己照顾得好好的，让自己的人生丰富多彩，那么周围的人反而会被你吸引，争相照顾你、爱护你，上演"你值得被爱"的剧本，怎么还会让你受苦呢？

可以反思一下你是否足够爱自己，比如你是否舍得给自己花钱（当然不要物欲泛滥，买一堆没用的东西），是否会好好享受生活，是否会经常看书、旅游、健身，是否会经常和不错的朋友聊天、分享，是否会讨好自己，让自己开心，是否懂得及时释放自己的情绪……如果你努力这样做，让自己的生活丰富多彩，让自己快乐，很快你就会发现，生活开始发生变化，整个世界都在用各种方式爱你。

负向公式：付出总会有回报（信念）+情感（大局）+拼命付出（小局）=被人无视（剧情）。

正向公式：好好爱自己（信念）+情感（大局）+讨好自己（小局）=被更多人爱（剧情）。

遭遇情感的困境

很多人都经历过情感的困境，深陷在情感漩涡中不能自拔，以为对方就是生命的全部，觉得不跟对方在一起不行，觉得一切都是天意，倔得几头牛都拉不回来。

之所以会产生这样的幻觉，本质上是认为自己"不够好"。因为我们认为自己"不够好"，所以配不上更好的，甚至不值得被爱。现在好不容易遇到一个知心的人，真是太难得了，世上只此一个，过了这村就没这店了，必须要使劲抓住，否则人生就什么都没了。

然而实际上，多年后回首，我们会发现根本没什么大不了，就如同小孩子过家家一样，当时演得很入戏，演完就忘了，甚至可能连对方是谁都不记得了。

我听过这样一个故事：有个姑娘跟前夫离婚了，但是还是舍不得，总想着要复婚，但是对方复婚的意愿又不是很强烈。她的朋友安慰她说："其实你以前很漂亮的，就是这几年有点变胖了，也不好好打扮自己，你要是注意体型，再打扮打扮自己，一定很快会遇到新的伴侣。"那个姑娘为此深受鼓舞，从此以后天天健身，保持良好的身材和状态，注意打扮自己，并且开始看书学习、注重社交。几个月下来，她整个人看起来脱胎换骨，很快就找到了不错的伴侣。有意思的是，当她不再粘着前夫的时候，前夫反而比之前更关注她了。

这和我们认为钱是有限的是一个道理。当我们认为自己不够好时，我们就会认为周围的一切都是有限的，必须要牢牢抓住。

但是抓得越牢，对方就跑得越快。而对方跑得越快，我们就越认为自己不够好。实际上，对方跑不跑和你够不够好根本没有关系，如果你比对方好或者非常强势，对方也会因为不堪压力而离开或抑郁，因为你在无形中使得对方觉得自己不够好，并且强化了这种认知。

我听过这样一个例子：一对夫妻，妻子非常强势，老公非常温顺，总是忍气吞声地服从妻子，后来老公就有了抑郁症状。妻子特别不理解，说："咱家这么幸福，我对你这么好，你怎么能抑郁了呢？你到底有什么不满意？"老公很无奈地说："我也不知道啊，我也觉得咱家挺幸福的啊，得病也不是我自己能控制的啊。"

其实道理非常简单，一切都讲究平衡，不能只进不出，也不能只出不进。

可是既不能背叛伴侣，又不想自己难过，那应该怎么解决天长日久累积的情感问题呢？首先我们得了解情感问题为什么会出现，然后再去想想我们应该以什么心态来对待情感问题。

情感问题其实就好像我们生病一样，它是内在的呼唤，想让我们意识到我们不够爱惜自己，想通过这种方式提醒我们，让我们多关注自己的内心世界，多给自己一些爱而不是再继续认为自己不够好。但是很多人没能理解背后的意义，有病乱求医，通过病态的情感解决问题或者干脆任其发展，最后只会越来越糟糕。

生命蓝图
透视过去、改变现在、预演未来

在这个世界上，我们总会遭遇各种感情中的遗憾，两个人能一直白头偕老的例子并不多见，总有人觉得自己与"真爱"错过，并为此抱憾终生或是干脆选择放弃现有的伴侣。其实感情根本没有对错，错的是你看待世界的态度。与其说我们在不断寻找真爱，不如说是在解决自己内在的不安全感，渴望一个最懂自己、最会照顾自己的人出现。但其实自己都没做到懂自己、照顾自己，怎么能奢望身边出现这样一个人呢。

我们每个人都会遇到很多投缘的朋友或知己，有的甚至让你一见倾心但彼此已经错过，成熟的人会如何面对呢？他们不会觉得这是唯一的选择，不会抓着一个人不放手。只有快要饿死的人，才会在眼前突然出现一个被别人啃过的馒头时疯狂地扑上去死死咬住，任凭别人怎么劝说都无济于事，而完全看不到身后有一堆美味的"蛋糕"。

所以，当你眼界开阔了，自然就不会紧抓着一切不放了。比如你看到一朵美丽的花，你顶多拍张照片或仔细欣赏一下，不会非要把它拔掉带回自己家里。因为你知道这个世界上有许多美丽的花，只要善于发现随时都能看到。你也知道自己家里摆不下所有的花，而且它们还会枯萎。人也是如此，只要你懂得欣赏他人，你会发现很多彼此有好感、和你聊得来的人，但是你不需要把每个人都变成自己的情侣牢牢拴在身边。当你能放开执念时，整个世界都是你的。或者反过来说，整个世界本来就是你的，比如那些花、那些美景、那些美好的人……应有尽有，所以你无须有任何紧握不放的执念。

有朋友问我："我们的情感模式不是主要来源于原生家庭吗，你为什么不重点谈谈原生家庭的问题？比如我小时候，我跟我爸说一百句话他顶多回应一句，所以现在只要遇到和我爸类似的人，我就容易和对方陷入'冷战'。我现在回忆起那段经历感觉特别难过，我曾经有很长一段时间觉得我爸根本不爱我，到现在都觉得无法释怀。"

我说："所以现在你就变成了你爸，把他在情感中的逃避模式'遗传'了下去。其实无论是原生家庭，还是和伴侣的关系，本质上都是一样的，都是你很希望对方在乎你，对你有求必应。一旦对方做不到，你就觉得对方不爱你，觉得自己不值得被爱，或者觉得自己很糟糕……你看这'戏码'，是不是一模一样？只有经历这些'戏'，认清自己的执念，放手让自己和对方自由呼吸，你才能从中解脱。"

这些说起来好像简单，但是做到还是挺难的。可能你会说：我不想要经历感情的痛苦，但又想得到成长，那怎么办呢？

很多人会建议培养点兴趣爱好，比如弹琴、画画、运动、旅游、阅读等，提升自己的同时转移注意力，避免陷入感情的漩涡。但其实这样做可能还是不够。

我们每个人都会不同程度地认为自己不够好，也会有不同程

生命蓝图
透视过去、改变现在、预演未来

度的缺爱症状，但并不是每个人都会陷入感情困境中无法自拔。那些为情所困的人，往往在人际关系方面本身就有较大的问题，也没有什么兴趣爱好，更没有创造价值的能力。比如社交圈子小、跟朋友沟通不多、志同道合的朋友少、和至亲关系一般、平时无所事事、感到工作很无聊等，所以他们需要通过情感来填补生活的空缺。

培养兴趣爱好确实会让我们的生活更丰富，但是却不能完全取代人际关系，也不能带来巨大的价值感。除非你从中找到了天赋所在，能废寝忘食地投身其中并懂得与他人分享，这会帮助你建立起良好的人际关系，比如自己的圈子、志同道合的朋友、温馨和睦的家庭等，这样自然而然地你就不会再把所有精力都聚焦在某个人身上了。

所以要主动社交，主动交朋友，主动发现天赋、才华，主动创造价值，主动改变自己生活的环境……如果你实在不喜欢社交，那可以去参加一些线下课程、社团，看看文化展览等，也会接触到不同的圈子。有了良好的社交关系，才有交换天赋的可能，才能避免掉入情感漩涡，才能得到更多财富……这一切都是相通的，也是这个世界的"游戏规则"。

我自己就是一个特别不喜欢社交的人，但是最近我也会尝试去报名参加一些有意思的活动，看看有意思的展览，约朋友吃饭，等等。经历越多，谈资就越多，同时这些经历也会给你带来不一样的感受，帮你发现更多生活中的美好。

内在的孤独，不仅会让我们拒绝社交，还可能让我们陷入痛苦的关系中，甚至摧毁我们的身体。我相信癌症就和孤独感有关，这种孤独不是外表的孤独，而是内心的孤独——你觉得没有人理解你，没有人懂你。这种孤独与表面上有多少人在你身边无关。

想遇到更好的感情，想得到更多的滋养，就要采取不同以往的行动：主动走出去，接触更多的人、事、物，而不是逃避或纠缠一个人或一件事；主动创造和分享，哪怕只是一篇文章、一幅画作、一个小的手工作品，拍个小视频、做个小点心等。在创造的过程中，你会发现无数的美好向你涌来，重新引起你的心灵共鸣，那种感觉比情感的纠缠可要美妙无数倍。

听起来这和前面说的遇到感情问题时不要向外抓取好像是矛盾的，其实两者完全不是一回事。所谓的"抓取"是紧抓某样事物不放的意思，而不是敞开自己接纳万物。

举个例子，如果你喜欢美食，那不妨主动品尝千万道菜，这样就绝不会每天盯着眼前的咸菜不住地抱怨；如果你看过无数次大海，就不会对门前的臭河沟念念不忘；如果你阅尽人间无数，就不会对某人、某事、某物执着不已。

不过，尽管如此，对于经历过的每件事、遇见过的每个人，我们还是应当心存感激。因为如果没有他们，我们可能很难看清

生命蓝图
透视过去、改变现在、预演未来

自己内在的情况。他们就是我们的镜子，即便"打碎"这面镜子，问题也依然摆在那里。所以不应怨恨、不应排斥，我们应当感谢他们曾经来过，感谢他们帮助我们学会爱自己、爱生活、爱这个世界。

负向公式：我不值得被爱（信念）+情感（大局）+紧抓某人（小局）=遗憾收场（剧情）。

正向公式：我值得被爱（信念）+情感（大局）+放手欣赏（小局）=拥有全世界（剧情）。

以为爱情就是爱

说了这么多，现在不得不回到一个无数人用生命探寻答案的问题：什么是爱？

很多人会把"爱"和"爱情"弄混，但其实两者并不一样。比如我们爱国家、爱父母、爱子女、爱生命、爱自然……这些很明显并不是爱情。

那么先说说什么是爱情吧。

我们有无数歌颂爱情的诗歌、文章、电影，以至于一说到爱情，很多人脑子里出现的就是轰轰烈烈、刻骨铭心、悲壮不已的爱情故事。好像越壮烈，才爱得越深刻；越平淡无奇，越觉得爱情索然无味。

这种成见，让很多人在感情中"痛并快乐着"，反反复复、欲罢不能；或者忍受着平淡无聊的生活，然后用"爱情久了就会变成亲情"的说法安慰自己。

其实爱情需要"新鲜"感。就好像旅游，你还记得自己第一次外出远行的心情吗？是不是特别激动、特别期待？但是如果你每年都能出国旅行，时间久了你可能就会觉得有些无趣，再也没有初次旅行时那种期盼的心情了。爱情也是一样的，年轻时觉得爱情很刺激，慢慢地开始对伴侣感到厌倦，但即使换一个伴侣也会发现并没有什么实质上的区别，还是在重复过去的人生模式。

所以爱情就是去经历你没有经历过的新鲜感，它和吃顿没吃过的美食，去看没看过的风景，体验没玩过的游乐设施是一样的。有人喜欢过山车的刺激，有人喜欢旋转木马的温馨，有人喜欢一个人的自由……你喜欢什么感觉，就会演出什么样的爱情剧本。

所以爱情不是爱，也没有多么神秘，它只是你人生中的一个体验选项而已。

接下来再说说什么是爱。如果非要做个比喻，我认为爱像空气。这个比喻可能会出乎你的意料，然而事实确实如此。

爱是人类的本能，是我们生来就有的能力，它无处不在，却又无法被看见、无法被听到、无法被触摸。它是永恒的，是最有力量、最伟大的存在。但是，最有力量的未必是看起来最凶悍、最强势的，比如狂风暴雨从来无法持久，水看起来柔弱，却可以灭火。

所以爱就像空气，它从不刻意彰显自己，却悄无声息地存在于每一处空间，我们无法离开它，却很难注意到它的存在。

我们几乎所有人都缺爱，但那只是我们以为的。如果你以为爱像地震一样突然，像熊熊大火一样热烈，像狂风暴雨一样刻骨铭心，那确实你很可能是没人爱的，因为这样的"爱"无法持久，而**"平衡"才是大自然最重要的规律**。

但如果你意识到爱真正的存在形式就像空气一样，你就会明白，我们每时每刻都是被爱着的。爱对每一个人都是公平的。虽然我们偶尔会经历狂风暴雨，但这都是我们内在信念幻化成的剧本，何况暴雨过后终会晴朗，我们又可以欣赏到不一样的风景。

我想现在你应该可以明白爱情和爱的区别了。爱情可以是悲伤的、甜蜜的、不顾一切的……它可以幻化成千万种形态，这正是它的魅力所在。不仅是爱情，你人生的各种经历都是如此，只不过爱情可以放大各种情绪以引起你的注意，所以爱情是人生的进阶课题。

而爱其实就是爱情以及你各种经历后面的背景，就好像承载画作的画布。我们只有历经了人间的各种剧情，才能看破生命的本质，最终发现那些经历的背后看似什么都没有，却又足够容纳一切。爱默默滋养你、支撑你，让你的生命之花、智慧之光在这画布上尽情绽放。这就是爱的本质！

我们最终都要从经历爱情到学会去爱。如果你学会了爱，那么你就学会了欣赏、支持、包容、放手、成全、照耀他人……，让身边的人可以因为你的爱完完全全地成为他们自己。这就好像空气，它永远都处于那种悄无声息的状态，默默地供养着我们。爱看似什么都没做，却又做了最伟大的事情。

真正心中有爱的人，不会两个人相爱就必须在一起，而是会像对待大自然的一草一木那样，遇到动心的人就给予其欣赏和祝福，然后顺其自然继续前行。这就是爱的感觉，没有恐惧、纠缠，没有对某人、某事、某物的执着，只有欣赏、放手、坦然和成长。

所谓的"没人爱"，是你对爱的误解；所谓的"我不够好"，是你对自己的误解；所谓的"因为'我不够好'，所以'没人爱'"，是你写给自己的一个充满误会的人生剧本。当你开始感恩你的每一次呼吸、每一口空气，感受爱在你体内的流动，你就是在消除误会，还原出充满爱的剧本。

负向公式：爱情就是爱（信念）＋情感（大局）＋恋爱（小局）＝爱情总不长久（剧情）。

正向公式：爱如空气般悄无声息（信念）＋情感（大局）＋欣赏和探索世界（小局）＝爱是永恒（剧情）。

生命蓝图
透视过去、改变现在、预演未来

·2.4 我不够好 + 身体局 = 我有病·

身体是革命的本钱，没有身体就相当于什么都没有。如果财富局和情感局都无法唤醒我们，那就只有通过身体局来提醒我们了。这里说的身体包括容貌、身材、健康等。

不够珍惜生命

最近经常看到各种有关整形事故的新闻，太多人对自己的脸不满意，不停地修修补补，有的甚至严重依赖上了整形，最终走上了一条"不归路"。其实不是他们容貌不够好，而是心理上总是觉得自己不够好，因此无论怎么整形都无济于事。

以前我特别佩服那些战场上的勇士，觉得他们真的是太无私、太伟大了。后来我在一个电视剧里，看到一位老将军纵横战场多年，立下了无数丰功伟业，可是后来国家太平他无仗可打，找了各种请战的机会都不成功，最后他郁郁而终。这时我才明白，原来真的有人是天生好战的。

现实生活中也是如此，很多冒险家永无止境地挑战极限，直到突破生命的极限为止。对于不同的人生我不能评判其是好是坏，但我认为无论终点在哪里，其实每个人的人生都没有什么本质上的区别，都是由我们的信念决定的。

歌手大张伟有句玩笑话我非常喜欢："世上无难事，只要肯放弃！"这听起来似乎有些消极、颓废，但其实充满智慧。对于一个非常懒惰、不思进取的人，我们要告诫他：世上无难事，只怕有心人。而对于一个执念很深，不达目的誓不罢休，甚至要用生命做赌注的人，就需要让他明白他并不需要用任何事情来证明自己，对于爱他的人来说他就算什么都不做也是有价值的。

我们经常觉得自己不够好、自己没用，希望能变得更好一点，比如更漂亮、更有钱、事业更好。但是想象有一天如果你不在这个世上了，你身边的亲人朋友会多么伤心，他们伤心并不是因为你带走了美丽、财富、事业，而是因为失去了你这个人而伤心。

就像《小王子》里的小王子说，他眼前这朵玫瑰和其他千千万万朵玫瑰看起来都差不多，但对他的意义截然不同，因为这朵玫瑰饱含了他的心血，是在他日复一日悉心的呵护下长大的，这就是区别。

所以我们总是在和别人比外在的那些东西，比如外表、名望、金钱……但是无论怎么比，其实在最爱你的人的眼中也没什么本质上的区别。即便你什么都不做，你在他们眼中也是独一无

生命蓝图
透视过去、改变现在、预演未来

二的，所以何必再去向不相干的人证明自己呢？

我有个朋友是做销售的，他说最近公司不景气，他们整个组都没什么业绩，他每天都很不开心，严重怀疑自己的价值。我说"你的存在就是价值"。然后他想了想说："对啊，虽然我们没做出业绩来，但至少我们没走啊，我们在这么艰苦的情况下还愿意留下来，给了领导很大的信心，这就是我们的价值。"

生活本来就不轻松，如果我们能试着放松自己，困难就会在你眼前土崩瓦解；如果你太把困难当回事，反而会让它日益强大，直到有一天完全吞噬你。

负向公式：我不够好（信念）+身体（大局）+不断挑战极限（小局）= 身心不堪重负（剧情）。

正向公式：我很有价值（信念）+身体（大局）+放松自己（小局）= 悠然自得（剧情）。

忙碌得停不下来

我是做互联网行业的，我们这个行业虽然收入还可以，但也确实很累、压力很大。"过劳"事件时有耳闻，并不新鲜。

但是过劳的毕竟是少数，大多数人还是兢兢业业地工作着，一刻也不敢懈怠。

我是个对自己要求很高的人，而且不服输，不允许自己比别人差。刚工作的时候总觉得自己经验太少，应该笨鸟先飞，于是经常主动加班。我在那个时候确实进步飞速，很受公司领导赏识。工作3年后，我就进入了全国最大的互联网公司，并做到了当时比较高的职位，但很快遇到了天花板。经历了各种挫折后，我才慢慢明白很多事情不是光靠努力就可以的。专业能力固然重要，人脉、资源、机遇也非常重要。况且环境在变，时代也在变，刻舟求剑似地规划目标，并努力实现是没有用的，审时度势、随机应变的能力反而更加重要。**所以我们既要制订清晰的目标，也要根据情况灵活调整目标，并且不要过分执着于结果**，不要一根筋地只知道往前冲。

但是，当时的我一心只想往上走，想得到更高的职位、拿到更多的薪资和股权来证明自己、满足自己的虚荣心。在刚工作的3年多的时间里，我一直在直线上升，后来却原地不动，我实在无法忍受这种挫败感。其实，当时的痛苦源于我搞错了目标，并且没有及时调整目标，更没有做好失败的心理准备。职位高低那都是给别人看的，最重要的是要成为我自己。对于同样的职位，有无数人可以竞争，即便得到了也终有一天会被别人取代，但是我自己却是独一无二的。所以，**成为自己才是真正的成功！**

举个例子，历朝历代能成为一品大臣的人已经够厉害了吧？可是他们的名字如今很多人都不知道。但是曾经被朝廷屡次拒之门外的落榜考生，反而有不少能靠自身才华流芳百世，比如曹雪芹、蒲松龄等。从短期来看他们没有受到朝廷的认可，但是从长期来看他们影响了世人。所以如果将眼光放长远的话，就可以看到其实每个人都是特别的，都有自己的使命和路线，完全没必要跟着短期的、世俗的方向走。就好像大自然中有桃树、梨树、杏树、松树……各有各的好，各有各的特点，但如果松树非要怪自己不能像桃树那样开花结果，努力去效仿桃树而忽视了自己坚韧挺拔的特点，那是多么可惜又可悲！

在那段最失落的时间里，我觉得非常无力、人生没有希望，也看不到未来，于是我离开了那家公司。对我来说，努力并不可怕，可怕的是努力了没有结果。之后我也无心再找工作了，整天无所事事，开始思考人生。我发现我过去那么辛苦地工作，从来都没有好好享受过人生，于是我开始学钢琴、学舞蹈、学心理学，开始运动健身、外出旅行，做所有我之前想做却没有时间做的事情。

半年后，身上的钱花得差不多了，于是我继续找工作，然后去了一家规模较小的公司。我没有再像过去一样把所有精力都放在工作上，由于这家公司比较自由，所以我每天只需工作不到6个小时，大部分时间都在看心灵方面的图书，继续思考人生。

我完全没有想到，这种状态反而让我在工作上有了突破性的进展，并创建了一套原创的方法体系，引起了业内的关注。在那期间我还出版了一本专业图书，发表了十几万字的专栏，被多家公司和多场行业大会邀请演讲、担当评委……

很多人对我的产出感到十分吃惊，说："你平时一定特别忙吧，你是怎么协调好工作、家庭、写书的？"但是说真的，在我做出成绩的时候，恰恰是我过得最轻松的时候。而在我最辛苦、最焦虑、最压抑的时候，我反而不会有任何理想的产出。

我会告诉那些好奇的人，要想有更多成果，就要让自己放松下来，不要沉迷在琐碎的日常工作中，可以让其他人去做这些事，要让自己空下来，去想些更重要的事情。可是很多人都做不到这一点。他们会跟我说："我怎么可能不努力工作呢？怎么能闲下来呢？别人会怎么看我啊？而且我自己心里也不安啊。"确实，大部分人都会用"勤劳"来掩盖思想上的懒惰，即使没有什么产出也能对所有人有个交代。但其实这是不自信的表现啊，不相信自己可以用更少的力气做出更大的成绩，只相信看得到的体力上的付出。

用忙碌来麻痹自己还算好的，最可怕的是费力不讨好还害人害己。我曾经有个同事，工作很努力，无论有事没事都会带着团队加班到很晚，因为他总是把简单的事情搞得非常复杂，抓不住重点还经常搞错方向。他一个人错了不要紧，但由于他是指挥者，所以他会带着团队里的所有人一起犯错，弄得大家苦不堪言。不仅如此，他的领导也被他搞得焦头烂额，因为领导会接到业务方的投诉，经常要帮他"救火"。后来他离职了，他的领导长舒了一口气，整个人都轻松多了，团队的工作又恢复了以往的秩序。谁也没有想到，少了一个位置这么重要的帮手，业务质量居然比以前更高了。所以请扪心自问一下，你平时会在什么方面花很多时间，时间花得真的有价值吗？是不是不花这个时间其实结果也不会怎样，或者反而更好？

如果你的生命都耗费在了没有价值的事情上，那实在是太悲哀了。如果你没有想清楚做一件事情的价值，那还不如什么都不做。当然，这绝不是说凡事都不去冒险、不去尝试，而是说不要没头没脑地乱做。

最近看到一篇关于美国总统富兰克林·罗斯福的文章，让我很受启发。

1940年，美国正处于历史上的动荡时刻，而英国正陷于苦战，物资和金钱都十分紧缺，他们急需帮助，但是美国国会不会轻易借钱给英国，那么罗斯福该怎样说服国会做出正确的选择呢？按照大众的逻辑，在这么艰难的时刻，罗斯福应该拼命加班，争分夺秒才对。然而事实是，他跑到海军舰船上休息了10天。

这个休假引发了外界的广泛批评，但是罗斯福知道自己在干什么——他需要时间和空间让自己放松从而获得灵感，找到解决问题的方法。结果，我们看到了500亿美元的Lend-Lease（租借）计划。

这个计划被认为是罗斯福的政治杰作，它为美国国会日后持续帮助英国对抗纳粹提供了一条道路。

很多科学家、政治家、艺术家、文学家都是在极其放松的状态下突然产生了奇妙的灵感，有的甚至是在做梦的时候找到了答案。

但为什么放松反而会有意外的收获呢？因为放松时我们连接的是自然的力量，而自然的力量是最伟大的，它是生命之源。我们都知道"拔苗助长"的道理：违背自然之道，人为拔高稻苗，反而会破坏它的自然生长进程，最后帮了倒忙。真正的竞争、超越都是在非常平凡的动作中逐渐积累而成的，因此圣人才会说不争才是真正的争。耐得住寂寞的人反而走得更快，因为他们懂得借鉴大自然的运行之道。

我们之所以把自己变得很忙，往往是因为我们以为忙碌了、把身体搞垮了就不会再有心理负担，也能对付外界的压力了，以为付出越多就会得到更多。殊不知我们已经搞错了方向，也搞错了方法，最后得不偿失。

负向公式：忙碌才能解决问题（信念）+身体（大局）+疲于奔命（小局）=牺牲健康换取有限收入（剧情）。

正向公式：放松更容易获得灵感（信念）+身体（大局）+灵活安排工作（小局）=灵感爆发，事半功倍（剧情）。

生命蓝图
透视过去、改变现在、预演未来

控制不了坏情绪

中医认为：大喜伤心，大怒伤肝，大恐伤肾，过思伤脾，大悲伤肺。也就是说，过激的情绪对我们的身体会有很大的影响。

以前我是一个脾气很不好的人，给点儿火就能着，因此我特别理解爱发脾气的人。当我感到愤怒的时候，怎么都控制不住自己，感觉整个人就像要爆掉了一样，血液上涌，堵塞在身体里，随时都要冲出去。在这种状态下，说出伤人的话，做出过激的举动是在所难免的。

而且我特别受不了别人质疑我、讽刺我或者攻击我，如果遇到这样的情况，我一定立刻开始反驳别人，甚至掀起骂战。

但是现在这样的事情已经很少再发生在我身上了。前段时间，我无意中发现有人给我几年前出版的书恶意差评，对我恶语相向，甚至带有人身攻击和性别歧视话语，语气中还透着无比的讽刺。按照以前的剧本模式，我肯定会怒不可遏，骂完对方后又默默伤感、难过很久。但是现在，我看完后居然没什么难过的感觉，甚至还有点想笑。是什么让我现在的情绪有了这么大的改善呢？我觉得很重要的一点是自信。

因为自信，我不再害怕、不再大喜大悲、不再乱发脾气。因为我知道没什么大不了的，一切都会过去的。就好像带小孩子去看动画片，孩子们看到悲伤的画面会大哭大闹，成年人却不会有什么反应，反而能很好地安慰孩子们。不是成年人冷血，而是他们知道那只是动画。

我以前是个很不自信的人，总会怀疑自己，不相信自己比别人更好。我认为人人都是平等的，不可以有"我比别人更好"的念头，不可以居功自傲，不可以瞧不起别人……

现在我明白我错了，人和人就是有高低之分，这个高低不是年龄、外表、财富、地位等方面的差距，而是内在层次的差距。我在这里没有任何评判的意思，仅是陈述事实。

比如有的人50岁了，但是他依然贪图小便宜、依然算计别人、依然会为了自己的利益去伤害别人。

有的人可能只有5岁，却开始承担起家庭的责任，照顾生病的父母，内心充满爱与无畏。

我们总会遇到和自己层次不同的人，如果对方比我们高尚，我们可以向他学习，听从他的劝告和教导；如果对方稍显庸俗，我们可以选择引导、帮助或忽视，而不是和他们争吵。

那些主动挑事的人，他们不可能比对方更高尚，所以就把他们当不懂事的孩子就可以了。他们有大把的时间可以去浪费，但是我们没有这个时间，我们一般也不会跟孩子吵得面红耳赤，因为知道他们根本不懂事。

还有一种情况是大家的类型不同，就像前面提过的，这个世界上有松树、桃树、杏树……松树不懂桃树结果的过程，桃树也不能理解松树为什么如此挺拔。没有经历，就永远无法真正理解。

对方和我们是否处于同一个层次，是否是同一种类型的人，通过外在是看不出来的。我们常常会搞错，认为大家都是人，怎么他就可以这样说我、这样想我、这样对待我，我非要跟他一争高下，然后浪费大量时间在争吵、愤怒或是其他情绪上。

这和前面说的"竞争"其实是类似的。《道德经》里说："天之道，利而不害；圣人之道，为而不争。"大自然从不争辩，只是默默地行动。比如禾苗每分每秒都在生长，从不懈怠，也不过于急切。与他人争论，不如踏踏实实地去行动，然后用结果证明一切。我们如果能这么做，就是拥有了大智慧。

负向公式：别人没权利指责我（信念）+身体（大局）+忍不住争论（小局）=浪费时间、耗费精力（剧情）。

正向公式：人和人的层次差别很大（信念）+身体（大局）+默默行动（小局）=最终总会证明自己（剧情）。

戒不掉不良习惯

几年前我和朋友合伙开公司，想做健康类的项目，当时就瞄准了减肥这一块，因为有减肥需求的人实在是太多了。但是等我们深入了解之后，才发现什么饮食啊、运动啊都解决不了根本问题。人们之所以会不停地往嘴里塞好吃的东西，更多的是因为内心的焦虑和无聊。

如果填补不了心里的漏洞，那就无法填补嘴巴的漏洞。所以与其去教人应该怎么吃、怎么运动，不如去解决根源上的问题。

像抽烟、酗酒、熬夜打游戏，包括前面说的陷入财富、情感危机等，这些问题产生的原因都是类似的，它们无异于慢性自杀。如果一个人的生活积极向上，有更多有意思的事情吸引自己，就不容易遭遇这些问题。

我们在生活中难免遇到一些状况，这些状况本身并不重要，重要的是这些状况出现的原因是什么。我觉得核心的原因只有一个：我们觉得自己不够好。因为对现在的生活不够满意，并且不知道该如何改变，所以只能用坏习惯来麻痹自己，好让生命显得不那么无聊。

至于会有什么样的坏习惯和境遇，这个因人而异。有人选择因冒险投资而负债，有人选择因控制欲而失恋，有人选择因暴饮暴食而肥胖……

我们有多讨厌自己，就会选择以多严重的方式让生命逐渐枯萎。要停止继续伤害自己并不容易：首先要让自己真正快乐起来，包括欣赏自己、爱自己、取悦自己；其次要探索兴趣爱好、天赋才华，把时间花在喜欢的事情上；最后要勇于在行动中改变自己，建立良好的人际关系，找到自己的社交圈、兴趣圈等。

负向公式：生活不够精彩（信念）+身体（大局）+染上不

生命蓝图
透视过去、改变现在、预演未来

良习惯（小局）＝生命逐渐枯萎（剧情）。

正向公式：生活可以很精彩（信念）＋身体（大局）＋养成良好习惯（小局）＝生命精彩绽放（剧情）。

突然患上现代病

前一阵子有几个人咨询我关于职业发展方面的事情，我发现这几个人都有个共同的特点：非常紧张、焦虑，总怕自己不如别人、竞争不过别人，即便在我看来他们其实还不错。

其中有个女孩，我觉得她的情况特别像我的一个患有中度抑郁症的朋友。那个朋友自尊心很强，如果她看到周围人比她强太多就会回家大哭。而这个女孩总觉得领导对她不满意，有一次吃饭时居然委屈地哭了出来，吓坏了周围的同事们。我的猜测果然没错，她说她自己也患有中度抑郁症。

感觉最近有抑郁症状的年轻人特别多。他们内心敏感脆弱，对自己要求很高但又总不得志，觉得别人都比自己强。还有很多"神童""鬼才"之类的人，也深受抑郁症的困扰。这其实很好理解，就像一只天鹅混进鸭子当中，它总觉得哪里不对劲："我怎么跟其他人不一样啊，怎么没有人懂我啊，怎么很难融入环境中啊，明明大家都是鸭子啊，我怎么就这么差劲呢？我真是只不称职的鸭子！"然后这只天鹅就慢慢抑郁了。

所以，在你不知道自己的特质之前不要和别人比较，也不要因为和其他人不同而否定自己。就像我前面说的，松树永远不能理解桃树，桃树也理解不了松树，然而谁都没有问题。

抑郁症到了最严重的阶段，患者会情不自禁地想要杀死自己。类似的还有癌症，只不过癌症隐藏得更好，患者是在不知不觉间被动地杀死自己。

癌症是怎么回事呢？我们身体其实有自动抵御疾病的机制，而癌症患者的这种身体机制不但不攻击"外敌"，反而攻击自己。面对大肆增殖的癌细胞，患者的身体毫无抵抗意识，因为这些癌细胞是由正常细胞变异而成的，这样癌细胞就可以在身体内通行无阻，置自己于死地。这就是癌症如此难治的原因。如果一个人自身失去抵抗力，光靠外部的药物又怎么能起到作用呢？

可能你会说，很多癌症病人求生欲望很强烈啊，怎么能说他们没有自我抵抗意识和能力呢？还是我前面所说的，很多东西从外面看是看不出来的。一个人如果长期不自信，不放过自己，那不就是在慢慢毁灭自己吗？有什么样的内在信念，就会呈现出什么样的外在剧情。

身体是我们的最后一道防线，当我们对其他信号都视而不见的时候，身体就只好通过多种状况来提醒我们反思人生，而不是再继续消耗自己。

除了抑郁症和癌症，身体上的其他疾病也都或多或少地反映

生命蓝图
透视过去、改变现在、预演未来

了部分心理上的问题。所以我们需要关注的不是疾病本身，而是疾病背后的意义。

　　也许是积劳成疾，也许是长期的坏习惯，也许是觉得自己不如别人，也许是觉得自己没有价值……那么就从现在起，停止对自己的"虐待"，不再和他人比较。想象这个世界只有你一个人，或者想象自己是一朵花、一棵树、一只动物……这样你就会自动停止比较，然后把你仅有的、不多的爱全都留给自己吧。

　　爱里没有比较和判断，爱里只有包容。不管你是怎样的人，爱都永恒不变。当你没有了"我不够好"的念头，剧情也就开始重新启动了。

　　负向公式：我比别人差太多（信念）＋身体（大局）＋无意识自我攻击（小局）＝快速蚕食自己（剧情）。

　　正向公式：我不再和人比较（信念）＋身体（大局）＋不再攻击自己（小局）＝恢复身体健康（剧情）。

· 2.5 从各路剧情中提炼课题 ·

我们再回顾一下前面的公式：信念＋局＝剧情。局里又包括了"大局"和"小局"。

这里面的"大局"包括财富、情感、身体三大人生基本主题，表面看是3个独立的部分，其实是相通的。如果你够自信，认为自己足够好，财富、情感、身体就都不会出现什么问题；反之，如果你觉得自己不够好，焦虑、悲观，你的财富、情感、身体就都可能会出现不同程度的问题。我发现很多财富状况存在严重问题的人，情感方面往往也存在问题；而情感方面存在问题的人，比如过度焦虑、压抑，其身体也容易出现很多问题。

这是因为当信念出现问题的时候，无论配置的是什么"局"，都会出现相应的问题。所以如前面所说："局"是中立的，改变的关键在于信念。

而"小局"是我们面临的各种机会、状况以及我们采取的行动。从表面上看它似乎是灵活多变的，实际上它和信念的变化息息相关：如果信念是正向的，我们就会采取积极的行动，结果自然也是积极的；如果信念是负向的，我们就可能采取消极的行动，结果自然也是消极的。所以即便是同样的行动，结合不同的

生命蓝图
透视过去、改变现在、预演未来

信念，结果也会不一样。

所以，无论是"大局"还是"小局"都不重要，重要的是信念，它才是我们创造最终剧情的关键。

假如人生是考试

如本章开头所讲，我们可以有意识地把负向的剧情根据公式拆解成信念和相应的局，这样我们就找到了问题的根源，即引发剧情的信念或成见。改变这个成见，就是我们的人生课题之一。完成的人生课题越多，人生使命完成度就越高，剧情也会越顺畅。

到这里你可能有些糊涂了，人生目标、人生使命、人生课题、人生剧本……这么多类似的概念，它们之间到底是什么关系？

可以这样理解，如果把人生比喻成一场考试：

我们的目标——拿高分（提升能量值）；

我们的使命——答对考卷上的题目（自信、天赋、创造正向循环）；

我们的课题——要想答对考卷上的题目，需要先练习若干题目（找到影响我们的所有成见并一一改变）；

我们的剧情——日常练习和考试收到的及时反馈，做对了就会遇见好事，做不对就可能倒霉。

这样是不是就容易理解了？为了考高分，大量的练习是必不可少的，功力来源于日常的积累。从刚才的那些范例中，我们已经可以看到大量常见的成见了，你"中招"了吗？

接下来，我们就从这些范例入手，学习如何改变其中的成见。

反转成见的练习

改变成见的方式很简单，就是"反转"，你可以简单地理解为找出对应的反义词。

比如，对应"白"的就是"黑"，对应"干净"的就是"肮脏"……

为什么只找出反义词就可以了呢？

因为所谓的成见，是我们长久以来习以为常、形成惯性的思想，它已经深埋在我们的潜意识当中，是不需要经过我们的意识就被认可的信息，所以它可以在无声无息间触发我们不想要的剧情。

我在一本书上看到过一个很经典的案例。一个男人在他年幼的时候父母因为意外双双去世了，给他留下了一大笔遗产。他本来想好好经营这笔钱，却发现无论做什么都会导致亏损，很快这笔钱就所剩无多。他几经思考才想到了求助心理咨询，后来他才发现，他内心觉得愧对父母，他在潜意识里觉得这钱是父母用命换来的，他不能要，他也不配要。

这个深藏于内心的念头让他大吃一惊，因为在意识层面，他当然是希望自己越来越有钱，可是潜意识一直和他对着干，他却全然不知。

了解自己可以说是世界上最难的事情之一，我们首先要意识到自己真实的念头，然后才能改变它。"潜意识"是我们在意识层面难以感知的，可一旦我们发现它了，它就不能再在暗中"控制"我们了，因为它不再是"潜"意识了。

所以我们一旦能够从剧情中提炼出引发它的成见，就已经成功了一大半了。接下来我们把它改成相反的词语，时时刻刻提醒自己，这样很快就会成为习惯，让它变成我们新的潜意识。

比如说，我们每天给自己设定7点的闹钟，一段时间后没有闹钟我们也能按时醒过来；再比如说，我们刚开始学开车的时候会非常小心地留意各种操作，但是经过多次练习之后，就能够做到熟练驾驶了……

这恰恰就是利用了成见形成的原理——自动贴标签并自动加固，好减少我们大脑的工作量。利用好这个机制，我们就可以让它发挥真正的作用，而不是无意识地被它控制。

通过这个原理我们可以看到：**任何事物本身都是中立的，就看我们怎样了解它、利用它。**

现在我来给大家做个示范，我把前面讲的典型剧情的公式汇总在下表里。你可以看到，即便前面我并没有讲出所有的正向剧情和负向剧情，但是经过"转念"练习，还是可以很快得到相反的内容。

大局 \ 公式	负向			正向		
	成见	小局	剧情	课题	小局	剧情
财富	我不配	努力赚钱	钱不翼而飞	我配得上	努力赚钱	积累财富
	我不行	焦虑应对	负债	我接受	从容应对	出现转机
	钱不够好	拒绝机会	没有额外收入	钱是中立的	接纳机会	增加额外收入
	辛苦才能赚钱	只做日常工作	收入有限又辛苦	快乐更容易赚钱	尝试其他可能	轻松赚取更多收入
	我害怕失败	不敢行动	怀才不遇	我能赚到钱	勇敢行动	钱来得更容易
情感	感到愧疚	努力补偿	于事无补	积极面对	做好我自己	精彩人生
	我不能停下来	执迷不悟	类似境遇反复出现	停下来思考自己真正要什么	及时变道	开创新天地
	付出总会有回报	拼命付出	被人无视	好好爱自己	讨好自己	被更多人爱
	我不值得被爱	紧抓某人	被抛弃/背叛	我值得被爱	放手欣赏	拥有全世界
	爱情就是爱	恋爱	爱情总不长久	爱如空气般悄无声息	欣赏和探索世界	爱是永恒

生命蓝图
透视过去、改变现在、预演未来

续表

公式 大局	负向			正向		
	成见	小局	剧情	课题	小局	剧情
身体	我不够好	不断挑战 极限	身心不堪 重负	我很有价值	放松自己	悠然自得
	忙碌才能解决 问题	疲于奔命	牺牲健康 换取有限收入	放松更容易 获得灵感	灵活安排 工作	灵感爆发， 事半功倍
	别人没权利 指责我	忍不住争论	浪费时间、 耗费精力	人和人的层 次差别很大	默默行动	最终总会 证明自己
	生活不够精彩	染上不良习惯	生命逐渐 枯萎	生活可以 很精彩	养成良好 习惯	生命精彩 绽放
	我比别人 差太多	无意识自我 攻击	快速蚕食 自己	我不再和 人比较	不再攻击 自己	恢复身体 健康

这里面的成见反转过来就是课题，也就是未来我们要形成的新的信念。就好像你做一道题总是做错，老师告诉了你正确的答案，你记住了这个答案，以后就不会再做错了。记住正确答案，就是你的课题。

总之，这个转念练习就是：把剧情拆解成公式，反转其中的成见成为课题，逐渐改变我们的"悲剧"；加固其中的正向信念，巩固我们的"喜剧"。

警惕隐形的成见

成见并不全是像"我不够好""我没有天赋""我不行"这

种很宽泛的内容，生活中到处都充斥着成见，如果不够警觉，随时都可能中招"入局"。

我有个朋友是个电竞高手，可是她打王者荣耀（一款手机游戏）打得不好，好几个月了都只能在铂金段位（中档级别）。有一次我跟她打了几局，终于明白她的问题在哪儿了。

她在玩游戏的时候非常暴躁，不是把精力放在自己身上，而是各种"指导"或训斥、嘲笑别人。有一局我们遇到一个高手，打得特别好，战绩遥遥领先，最终带领我们夺得了胜利。没想到我朋友依然骂不绝口，几次三番说要举报对方。我说："这人不是玩得挺好的吗？"朋友说："哪儿有像他这么玩的啊，明明是射手角色，非要去打野（另一种角色）。"

说实话，这个游戏让我充分体会到了什么是"大众的成见"，只要你没有"循规蹈矩"，就会有大量自以为很资深的玩家指责你，问你会不会玩。但是到了高级段位，这种现象就少了很多。级别越是高的人，成见越少。他们懂得很多非常有创意的玩法，而且大家十分有默契，一说就明白。而低段位的人难以理解这一点，只认常规玩法，而且人人都喜欢做裁判，看你是不是严格遵守了最基础的"规则"。

由于我是游戏新手，脑子里还没有那么多限制，就跟她说："官方有规定说不可以这么玩吗？有点创意不是更好吗，就一定要墨守成规吗？你以前是电竞高手啊，现在玩成这个样子不就是因为你的限制太多吗？"

我当时以为她要和我绝交了，没想到朋友认真思考了一会儿，说："我觉得你说得对，我以前玩游戏的时候特别有创意，总是'不按牌理出牌'，所以打得很好。玩王者荣耀的时候我身边有个朋友整天指导我、打击我，说我玩得不对，说我应该这样或那样玩，于是我就开始严格按照规则玩了，并且也开始喜欢按这个模式批评别人。"

后来呢，一周之内她不断升级，很快就达到了王者级别。她说感谢我与她进行了那场对话。

我还有个朋友，兴趣爱好特别多，一会儿画个水彩，一会儿做个手工，还去景德镇学过陶艺。但是她并不认为自己有什么天赋，觉得都是瞎闹着玩。她给我展示了最近新画的蜡笔画，我一看到就赞不绝口，说画得很不错啊，我太喜欢了。朋友惊喜地说："是吗，这是我第一幅蜡笔画，我一直觉得画得不好，都不好意思拿出来见人。"我说："真的很不错呀，如果你拿出来卖我都想买。"朋友大受鼓舞，立刻就把自己的网络头像改成这幅画了。

这个故事里其实就有很明显的成见——"我觉得我画得不好""我不好意思拿出来见人"。事实上，后来有很多人夸她画得好，还有人专门向她学习。很多时候，从兴趣到天赋，差的就是这么一点勇气，而阻挡勇气的就是"我不够好"的各种相关成见。

成见不仅隐藏在我们的日常生活和兴趣爱好中，还深藏在我们的工作和专业领域中。越专业的人，对自己专业领域的成见就越多。

比如，我发现很多在互联网领域工作时间比较长的人，他们的水平可能比不上一些工作时间较短的人。这是因为行业变化特别快，认知一直在改变，也一直在跨界融合。如果人们在工作中不去反思、不去改变，只是机械地执行程序，最后就会成为一张涂满颜料的纸，很难再有新的空间了。而新人是一张白纸，反而能更快适应新思想和新变化。

还有一种人看上去稍微好一点，就是积累专业经验的人。但是时间久了，我又发现所谓的"专业"其实是各种人为的限制。大家越来越喜欢把一个很简单的东西描述得非常复杂，把一件很简单的事情做成一项浩大的工程来加强专业门槛。

但这种虚假的包装必然无法长久，最终一定会让位给更有创造力、更用心的"破局者"。现在，无数跨界领域的成功案例足以证明这一点。

前段时间，朋友推荐给我一首叫《盗将行》的古风歌曲，说这首歌现在太红了。《盗将行》讲的是一位百里闻名的大盗，文韬武略不输姜太公，更瞧不上卧龙，拥有一身本领还到处拈花惹草，然而最后喜欢上一个"恶犬"似的姑娘的故事。

我听了几遍，觉得这歌确实很特别、很有味道。于是想上网查查歌词，却发现了一个与这首歌相关的新闻，说有一位大学教授批评这首歌的歌词一文不值。然后我又继续搜索，发现有不少人质疑歌词用词不当，比如一个人的笑怎么能像恶犬，怎么可以这样形容一位姑娘；大家只听说过与虎谋皮或与虎谋食，怎么能说与虎谋早餐……"你的笑像恶犬"甚至引发了广泛讨论。

我第一反应是吃惊，第二反应是遗憾，第三反应是好笑。用"恶犬"比喻心仪的姑娘，一下子就把这个江洋大盗孤独、自傲的内心刻画清楚了，顺便还表现出了爱情的来势汹汹和猝不及防，为什么不能这么比喻呢？《水浒传》里还说"那雪下得正紧"呢，为什么又可以用"紧"来形容雪呢？

这件事让一下子我警觉起来，我发现生活中这样的成见比比皆是，我们总觉得这样不行，那样也不行。尤其在权威人士的眼里，不行的事情更是数不胜数。我们努力学习规定，但却忽视了创造力，眼里总是各种规则和条条框框，最后画地为牢，把自己关在了里面，这不是很讽刺吗？而且，越是自以为学到了不少"知识"的人，就越是看别人不顺眼，越喜欢评判他人，殊不知自己传播的不是智慧，而是把恐惧、教条和批判传染给了更多人，这真是太可怕了。

我不是说不建议学习，而是要有智慧地学习，最好能边学习边创造。如果最后学到的全是限制自己、限制他人的能力，那么越学习，智慧程度反而越低，真的还不如不学习。

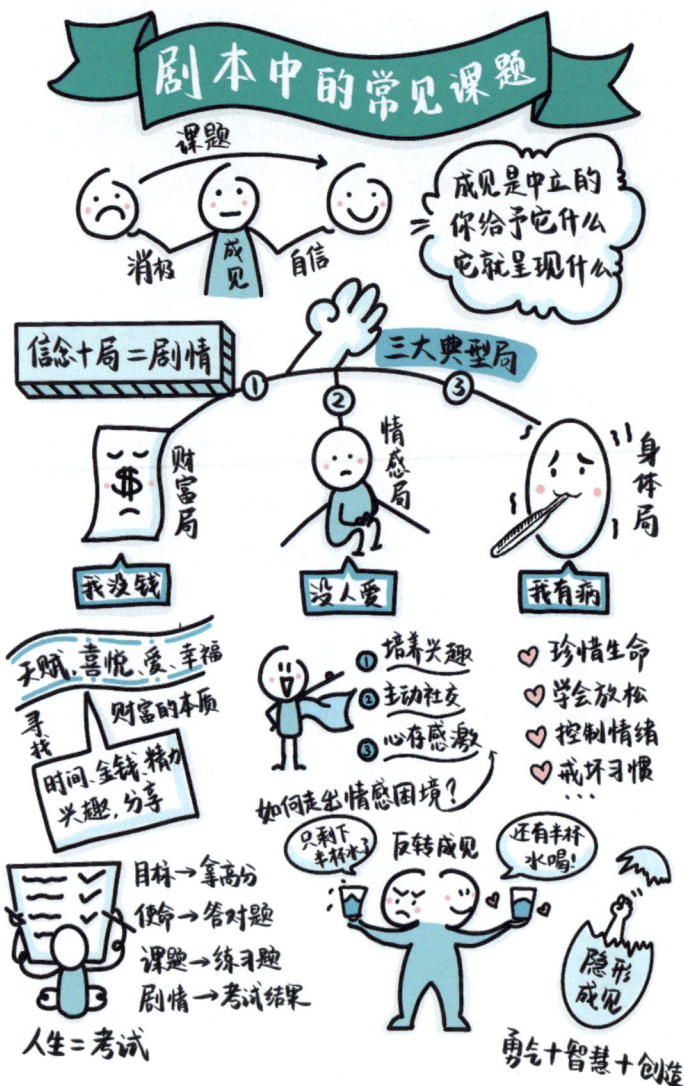

剧本中的常见课题

课题
消极 → 成见 → 自信

成见是中立的，你给予它什么它就呈现什么

信念+局=剧情

三大典型局
① ② ③

财富局　情感局　身体局

我没钱　没人爱　我有病

天赋、喜悦、爱、幸福
寻找
财富的本质
时间、金钱、精力
兴趣、分享

① 培养兴趣
② 主动社交
③ 心存感激

♡ 珍惜生命
♡ 学会放松
♡ 控制情绪
♡ 戒坏习惯
……

如何走出情感困境？

只剩下半杯水了　反转成见　还有半杯水喝！

目标→拿高分
信念→答对题
课题→练习题
剧情→考试结果

人生=考试

隐形成见

勇气+智慧+创造

生命蓝图
透视过去、改变现在、预演未来

02 *PART*

重新规划
生命蓝图

在第1部分中讲了这么多理念，现在你可能很好奇：自己的剧本到底是什么，里面潜藏的成见又是什么，反转后的正向信念是什么，具体应该怎么做才能更改自己的剧本……

在这一篇里，我会帮助你绘制一张独一无二的专属生命蓝图，里面有你想要的所有答案，包含你的过去、现在、未来以及重要的人生课题。

这张图是怎么来的呢？还记得"1.4 改变成见，提升能量"里提到的正向信念循环吗？该循环包含了自信、天赋、创造三大部分。我们的使命就是在经历了大大小小的课题后，能够做到保持自信、发现天赋、大胆创造并将这3部分正向信念循环下去，同时在这个过程中提升能量、改变剧本。

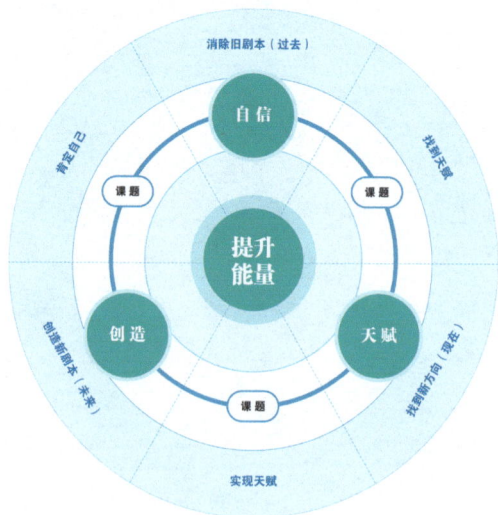

消除旧剧本（过去）

肯定自己　　　　　　　　　　　发掘天赋

自信

课题　　　　　　　　课题

提升
能量

创造　　　　　　　　　天赋

创造新剧本（未来）　　　　　　　找到新方向（现在）

课题

实现天赋

生命蓝图
透视过去、改变现在、预演未来

其中，"自信"部分对应着我们的旧有剧本、曾经的成见。它代表的是我们的"过去"，其中有好的也有坏的，我们需要从中去掉坏的、延续好的，重拾信心。

"天赋"部分对应着我们的新方向、当下和梦想。它代表的是我们的"现在"，我们每时每刻都有机会改变自己。

"创造"部分对应着我们的新剧本、每日的行动指南。它代表的是我们的"未来"，有了自信和天赋，我们就能够在行动中创造新的未来。

接下来我们就要尝试制作自己的生命蓝图了，你准备好了吗？

CHAPTER 03 认识课题，告别旧的剧本

前面说过，我们只有做大量的练习题，才能在考场上胸有成竹。人生也是如此，我们总会遇到各种难题，解决了难题我们就会向前跨出一大步，没有解决就会反复在这里卡壳，经历相似的难题。

如果想解决这些难题，我们就要学会分析自己的旧有剧本，看自己犯过以及仍在犯的错误，这些都是重要的考题。认真审视这些考题，我们就能够分析出背后的考点——成见是什么，这样就不怕再遇到类似的问题了。

这和我们上学时考试是一样的道理。即便做了一万道题，我们如果永远不去反思，以后就还是会反复做错。但如果我们把做错的题都找出来，分析做错的原因，思考出题人到底想考查我们什么，这样以后再遇到类似的问题我们就不会再做错了。

·3.1 总结目前存在的问题·

我们可以先看看自己目前在财富、情感、身体方面分别存在什么样的问题，然后逐一解决。

具体的做法：按照下表中的格式先写出大局（财富/情感/身体），然后依次写出小局（如果你不知道怎么写，可以参考表里的内容），接下来你需要填写剧情（你在对应的局里感到困惑的问题），然后再根据剧情推导出成见（是什么信念导致你对现在的问题感到困惑），最后根据成见反推出正向信念（课题）。

这个过程可能需要一点时间，有时候我需要反复修改几次才能找到最恰当的成见。找到成见后反推出的正向信念就是你要完成的课题。

填完这些内容后，你可以结合"2.5 从各路剧情中提炼课题——反转成见的练习"中的表格，把和你情况相符合的部分也补充进表格里。

实践的部分非常重要，千万不要看看就过去了，所谓看100遍不如自己亲手写一遍。所以不要犯懒，一定要亲自动手做，动手做，动手做！我保证这个过程会让你收获很多。下面是一个示范，你可以参考。

大局	小局	剧情	成见	课题
财富	事业机会	不喜欢现在的工作，又不知道自己还能干什么	工作稳定最重要（不相信自己的潜力，认为只能像现在这样凑合）	尝试突破自己
	固定收入	收入不够多	钱代表能力（因此认为自己能力不行）	钱与能力无关，与你自信的程度、喜欢钱的程度有关
	被动收入	只有一点理财收入，完全达不到财务自由的水平	赚钱一定很辛苦	找到天赋就可以快乐赚钱
情感	自己	经常觉得空虚、没有价值感	价值一定是可量化的	无条件肯定自己
	家人	感情淡漠、很少来往	自己不值得被爱（认为家人根本不爱自己，其实是自己不够爱自己）	无条件爱自己
	朋友	朋友少	君子之交淡如水（不主动找朋友，怕别人嫌烦，其实是觉得自己很无趣）	主动社交
	伴侣	没有共同话题	爱情终会变成亲情（认为结婚久了就会变无趣，其实是觉得自己很无趣）	发现自己的兴趣（学习创作）
	子女	总喜欢严加管教孩子，但是越严格孩子越叛逆	棍棒底下出孝子	学会信任和放手
身体	外貌	对外貌不满意	岁月催人老（觉得自己越来越老）	保持心态年轻
	身材	越来越胖	生完孩子一定会胖	保持自律
	健康	有糖尿病的症状	害怕没有机会吃好吃的	明白不是一切都是有限的，放下匮乏感

注意，在填写的时候，不要完全机械地"反转"成见，而是

生命蓝图
透视过去、改变现在、预演未来

结合对成见的分析（见表格中的括号部分），得到相应的课题。分析方法与流程并没有统一的标准，对于同样的问题不同的人可能会得到不同的分析结果。

比如我有个设计师朋友，她觉得自己长相一般，问我这个应该算是什么问题，怎么解决。我说："你得分析为什么你觉得自己长得一般，那只是'你觉得'，不是所有人都这么觉得。而且长得一般有长得一般的好处，会让人感觉比较容易接近而没有距离感。"

她想了想说："这个'一般'的评价标准是大众审美，但是另一半会觉得你很美，这么说这个美是主观的；但我们在学习美学时讲，美感是有规律可循的，这么说美又是客观的，那不就矛盾了吗？美丑本身不就是一种评判吗？"

我觉得这是个很好的问题，我就跟她说："美学不是用来评判的，它可以帮助我们在大众眼里变得更美，比如艺术创造、化妆、服饰搭配等。它本身是很中立的，不带有任何评判的性质，但是如果你把它作为评判美丑的工具，它就成了评判的标准。"

所以问题的关键往往不在于外界的客观事物，而在于我们的内心是怎么看待客观事物的。朋友在这个问题中潜藏的成见是"我不符合大众审美标准"，对应的课题是"利用美学打扮自己"或者"接受并彰显自己的独特美"。对于同一个成见可能有多个不同的解法，没有对错之分，只看哪个解法让你感觉更舒服就可以了，所以对自我的分析是非常重要的。

·3.2 发现不断重复的模式·

有些问题或模式会在我们身上重复出现，遇到这种情况就要特别小心，这些重复的模式里必然隐藏着重要的成见，导致我们一犯再犯、不断在这些模式中受苦。

可以回顾一下最近5～10年，回想在每一年里分别发生了什么令你印象特别深刻的事情，看看这些事情是否在你的生命中反复出现。分析自己当时的心理状态以及对应的成见是什么，再反转它得到对应的课题。

下面是我自己的一个例子。

年份	重要的事情	重要的人	是否出现过类似经历	问题分析	成见	课题
2012	升职、换了严厉的领导	领导A	否	当时很庆幸，觉得跟着这个领导更有前途	要通过吃苦证明自己	放过自己
2013	和领导的矛盾升级	领导A	否			
2014	换工作	领导B	是	领导B和上一任领导一样苛刻，其实是我对自己太苛刻	要通过吃苦证明自己	放过自己；肯定自己；不要给自己太大压力
2015	换部门	领导C	是	总觉得自己不够好，得不到认可，主动离职	要通过吃苦认可、证明自己	放过自己；肯定自己

生命蓝图
透视过去、改变现在、预演未来

续表

年份	重要的事情	重要的人	是否出现过类似经历	问题分析	成见	课题
2016	创业但很快与合伙人散伙	合伙人	是	主动提出不合适但最后被散伙，不够自信，怕失去合伙机会	通过创业证明自己	放过自己；肯定自己；不合适就勇敢舍弃

从表格中可以看到，有些重复出现的问题并不是特别明显。比如，第一任领导和第二任领导只是脾气都不好，第三任领导脾气比较好，但是我觉得自己没有得到认可。表面上看他们都不一样，但是仔细想想，这里面其实有共通的部分，就是这些领导都让我感觉很压抑、不快乐。后来遇到的合伙人为人非常和善，但我依然很快和他散伙，因为我发现根本和他处不来。

为什么每一个领导都让我感觉无法相处？我隐隐地感觉到他们有什么共同之处。我认真分析了和所有人的交往模式，看看是否存在交集，从而找到"破案"的钥匙。

终于，我发现了一个共同之处，就是我们都不自信但又特别争强好胜。比如，我第一个领导的出身和学校都很普通，他看另一个部门的领导招了很多清华、北大的毕业生，就要求自己部门也要招清华北大的，并且以此为荣；第二个领导的妈妈对她十分苛刻，从来不肯定她，因此她特别争强好胜、想要证明自己；第三个领导认为自己学历一般，所以一直不是很自信，总觉得自己不够优秀，并且对未来感到焦虑；第四个领导，也就是我之前的合伙人，他创业是因为他觉得男人一定要有自己的事业，其实也是想证明自己。

至于我自己，虽然一直生活在大城市，家庭条件、学历背景都还好，但也是一个不服输、特别想要证明自己的人。我后来想了想，可能是小时候父母很少肯定我，在学校也一直不起眼的缘故。

虽然我们这些人性格各异，但因为有着同样强大的"想要证明自己"的信念，所以互相吸引，狠狠地"碰撞"到了一起，来共同完成这个课题。在这个过程中他们成了我的镜子，从不同的角度让我明白自己是多么不自信，是多么迫切地想要证明自己。

如果不是有意识地记录这些内容并反复思考，我是很难发现这里面隐藏的玄机的。那一刹那我感到非常震惊：原来那几年遇到的人、发生的这些事情都是由"想要证明自己"的信念导致的，并且不断重复出现。

观察身边的朋友，也不难发现每个人好像都有自己的固定模式：有的人总是找不到好工作；有的人赚多少钱都能花完；有的人总是异地恋，并且总以对方放弃恋情告终；有的人永远辛苦，但还是赚不到钱……

生命蓝图
透视过去、改变现在、预演未来

我有个好朋友，每到一个新公司都会遇到性格特别古怪的下属，然后就会向我抱怨。我听完她的描述，觉得对方确实很讨厌。然后就问朋友："为什么你总是遇到这样的人？怎么就都被你赶上了呢？说明你和他们有相似的地方啊。"我朋友不服气地辩驳："不可能，那些人都很消极，我多积极啊。"我说："可是你喜欢评判别人啊，你看谁都觉得不顺眼。"我朋友继续反驳："我非常努力地夸他啊，给他加油，鼓励他，他都烦了。"我说："他需要的不是表面上的夸奖，是发自内心的认可。"我朋友顿时语塞，想了想才说："那……确实没有。我找不到他的优点，这对我来说好难。我看谁都觉得不行。"

很明显，我朋友的成见是"别人都不行"。于是她就不断地遇到"不行"的人，配合她的信念演出"别人都不行"的剧情。而朋友自己则受困其中，每天都被气得不行。

所以我建议，一定要认真回顾最近几年的经历，只要你的成见还在，你就必然会发现你有很多类似的经历，这是你找到问题、改变剧本的绝好机会。

有个朋友问我："我发现不断重复的都是'好事'，那是不是不用做这个练习了？"我说："那你可以分析一下，看导致好事发生的信念是什么，然后不断地强化这个信念，来提升自己的自信让更多'好事'发生。"

·3.3 观察自己当下的情绪·

我们可能每天都有情绪不好的时候，注意及时察觉自己的情绪，也同样可以帮助我们发现潜在的成见和人生课题。

比如，我最近几天在工作中有焦虑感，我总觉得工作做得不够好，担心领导和同事对我不满意。我害怕他们想：她凭什么不经常加班还能在管理岗位上？她能力真的很强吗？我自己也害怕30岁后在职场没有竞争力，未来不知道该怎么办。

当我认真思考这些的时候，我已经发现了我的成见：一定要加班才配得上高职位、高工资，认为自己不够好，认为年纪大了就没有竞争力……这些统统都是我人为的限定。

实际上，很多人轻轻松松地做着自己喜欢的事情，还有不错的收入（我接触到的就有好几位），并且他们的年龄都不小，都在35岁以上。我假想的同事和老板对我的想法可能并不存在，因为，只是我的假想而已。

我建议通过写日记的形式，每天记录这些潜在的成见，把它们一网打尽。

日期	事件及情绪	分析	成见	课题
2019.8.31	对现在的工作感到焦虑，担心同事和老板对我不满意	不经常加班，心里觉得亏欠	认为一定要加班才配得上高职位、高收入，认为自己配不上	天赋、自信和对钱的喜爱程度决定你有多少钱
2019.9.1	对未来感到担忧	很多文章说35岁的互联网从业者找不到工作	年纪越大越没有竞争力	竞争力与年龄关系不大
2019.9.6	下属出差，我接手她的工作没几天就感觉心情糟糕透顶	表面是为遇到的琐事烦恼，实际是烦恼自己不够好	担心能力不行，觉得自己太糟糕了	不要代入别人的环境，要专注于自己的轨道

我们也可以随时记录，一旦感到不对劲，比如感到悲伤、愤怒、沮丧等，就立刻将其记录到这个表上，分析是什么事情导致自己情绪不好的，然后再深入分析是哪些偏见，或者哪些对自己的错误看法导致了这样的情绪。最后再将其反转成正向信念。

当然，对于性格内向或细腻敏感的人来说，情绪低落也许并不需要任何理由。很多时候就是会毫无缘由地心情不好，想一个人静静，可能过段时间就没事了。如果是这种情况就不需要特别地分析，陪自己待一会儿，让情绪自由流动就好了。情绪的波动就好像月亮的阴晴圆缺、潮水的涨涨落落一样，是自然而然的事情，没有人可以永远保持情绪高涨，也没有人会永远情绪低落。更何况安静地陪伴自己，不正是件很浪漫的事情吗？

如果情绪波动和一些具体事件或想法有关的话，那我们还是需要认真地分析背后的成见。如果你觉得很难分析出结果的话，说明这个成见藏得比较深。如我在"2.5 从各路剧情中提炼课题——反转成见的练习"中所讲，成见未必都是不好的，它可能给我们带来了意想不到的"好处"。

举个例子，你总怨恨父母不够爱你，爱弟弟或妹妹多一些，一想到这里就感到非常不开心。可是正因为如此，你一直发奋努力，变得比弟弟或妹妹更加优秀，那这个"我要证明自己比弟弟或妹妹好，让父母更爱我"的成见反而变成了你的动力。对应的正向信念"我不需要跟人比较，父母都一样爱我"却未必是你真正想要的，它可能让你不愿意付出努力，从而无法像现在这么优秀。而变得优秀可能才是你内心真正想要的。在这种情况下，找到自己内心真正的诉求，情绪自然也就化解了。

再举个不是很典型但发人深省的例子。我有个朋友突然陷入一段感情中走不出来，她明知道自己跟对方并不合适，也不知道自己到底喜欢对方什么，但就是莫名其妙地被吸引了。我引导她进行了深入的分析，问她喜欢对方有什么好处。她说："哪有什么好处啊，都是烦恼。"我说："一定有好处的，你再想想。"她想了很久说："可能唯一的好处就是对方在一家很大的公司担任很高的职位，如果我和他在一起，我就能一直掌握同行的最新动态和市场行情，不至于在信息方面落后。"我继续问她："如果那个人是一家小公司的小职员，你还会在意他吗？"朋友说：

"我想应该不会了。"

说完以后我们俩都大吃一惊，我朋友当时半天没缓过来，说她从来没想过会是这样，没想到自己目的性这么强、这么"势利"，说她平时最讨厌的就是这种人，也没想到自己潜意识里会有这样的想法。

朋友后来反思说自己一向争强好胜，很在意公司规模和职级，她总想通过这点证明自己比别人强。对方和她的背景、条件相似，在这方面刚好活出了自己特别想成为的样子，所以自己才会被他吸引吧。

可问题是，朋友以为自己早就看淡一切了，却并不知道内心依然有这样的想法，这件事情算是对她的一个提醒吧，告诉她心中"想要证明自己足够好"的执念依然没有消失。我建议她未来可以进一步分析，看自己的天赋在哪里，如果她不适合走"职场女强人"的道路，可以试着找到更适合自己的方向，不需要通过"千军万马挤独木桥"来证明自己足够好。

再举个常见的例子。可能你经常觉得生活很无聊、很无趣，也许你希望每一天的生活都是新鲜的，都和昨天不一样。但事实是每天都过得差不多，天上并没有掉下什么额外的机会给你。如果直接分析其中的成见可能并不容易，那你可以想想：每天过得一样，这样的好处是什么？其实好处还是很明显的：稳定、波澜不惊、不会出错。因为一旦环境改变，你会担心自己掌控不了，所以你的成见就是：环境改变会导致意想不到的问题出现。

当你的自信和勇气对应的能量值达到足以令环境改变的理想值之前，你的成见都会这样忠实地保护你。所以，现在的无聊和无趣并不是因为运气不好、没遇到好机会，而是你的信念造成的。在这个世界上，能量运行得无比精准，有什么能量就会对应什么样的剧情。想改变剧情就要改变能量，而改变能量就要改变信念并采取正确的行动。每个人的剧本都不会错，都是"刚刚好"对应你当前的能量值。

总之，我们可以先通过情绪和问题分析这里面的成见，如果成见不够明显就反问自己：这样的好处是什么？一旦找到了好处，你就能够找到真正的问题。也许这好处和你想要的并不一致，那就要好好恭喜你了：你已经撕开了意识的表层，看到了内心深处真实的你，对自己有了更进一步的了解。这个时候，情绪和问题自然就不存在了，因为它们提醒你的目的已经达到了。

坚持这样的练习，你会发现你所有的情绪其实都不是由别人造成的，而是自己和自己"过不去"，别人只是帮助我们看到内在的问题而已。

这个方法对我和身边的人都非常有效，可以快速化解情绪并进一步了解更真实的自己。持续一段时间，你就能慢慢找到规律，发现自己的主要成见。

生命蓝图
透视过去、改变现在、预演未来

·3.4 集中提炼成见与课题·

现在我们已经有了3类表格，分别是：现阶段存在的问题、历史存在的问题、此刻存在的问题。

在这些表格中，我们会发现有些课题是类似的，那就可以把它们合并或提炼出类似的要点。这样，我们就可以了解自己的典型成见、对应的人生模式以及未来要学习的方向。

比如，我从中提炼出了5条适合自己的内容。

成见	剧情（旧）	课题
认为年纪越大越没有竞争力	认命、安于现状，生活平淡没有激情	1. 尝试突破自己 2. 天赋、自信和对钱的态度程度决定你有多少钱 3. 无条件肯定自己、爱自己 4. 专注在自己的轨道上，不合适就勇敢放弃 5. 主动社交
认为自己没有天赋，认为主动出去赚钱很丢人，认为自己没有别人赚得多	对目前的财富状况总是不满意	
总觉得自己不够好，觉得别人都不喜欢自己	经常有孤独感，难以融入环境	
认为自己一事无成，认为自己不配得到好机会	纠缠于不合适的合作伙伴、工作环境等，哪怕明知不合适也揪着不放，最后总是没有好结果	
认为自己不受欢迎或者和他人没有共同语言	不主动社交，错失很多人脉和机会	

现在我们可以完全抛弃前两部分，在上面画个大大的叉。这

意味着我们将彻底告别旧有的错误信念以及对应的剧情，让它们无法再左右我们的人生。我们只要从中得到教训，记住它们留给我们的课题就好。

这些课题是不是充满了力量？我建议把它们贴在明显的地方以时时刻刻提醒自己。只要我们能意识到它们，问题就已经解决了大半，接下来只要牢记它们，让它们潜移默化地替换掉原先悄悄控制我们的成见，就大功告成了。

生命蓝图
透视过去、改变现在、预演未来

·3.5 在蓝图中绘出旧剧本·

现在，我们可以把旧有剧情、成见和课题放在蓝图对应的位置上，如下图所示。

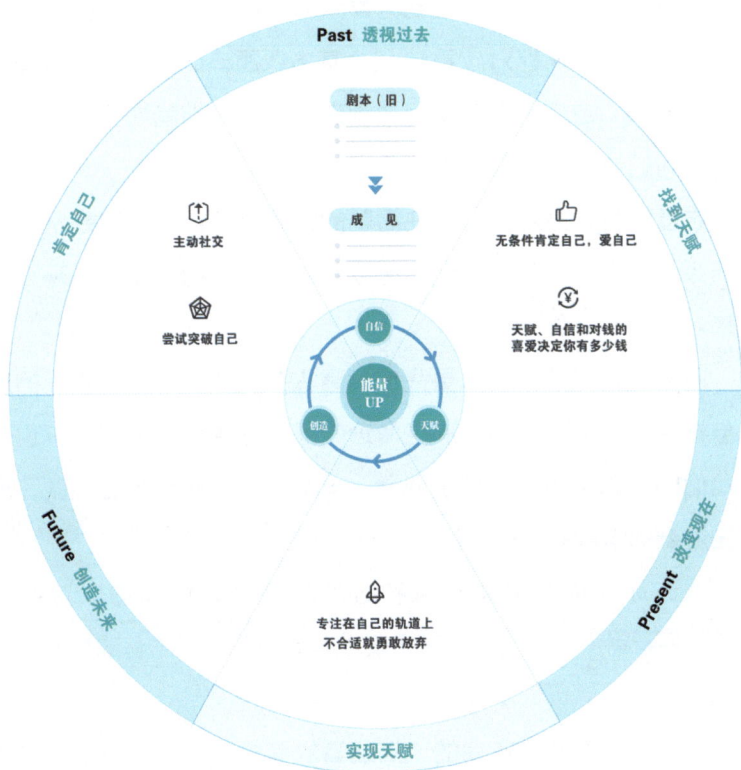

从图中我们可以看到，旧的剧情和成见几乎全都和不自信有关。前面我们已经分析过，我们最初的成见是"我不够好"，因此相关的其他成见自然也都和"我不够好"有关，由此衍生的剧情又再次验证了自己不够好。所以图中"自信"这部分，刚好对应着我们的过去，提示我们要从过去的经历中发现导致我们不自信的成见并积极改变它，不让它再去影响我们的现在和未来。

而通过"反转"成见得到的课题却分散在图中不同的位置，其中每个课题可能都对应着1~2个基本课题。比如，"尝试突破自己"既跟"自信"有关又跟"创造"有关，那就需要把它放在两者之间的位置上，以此类推。

这意味着，虽然我们过往问题的根源是不自信，但是从过去宝贵经验中得到的正面启示却可以同步影响我们的过去、现在和未来。

还记得我在"1.3 从更高维度看人生使命——高维空间的剧本与程序"里提到的吗？决定命运的部分在更高的维度中，也就是我们的信念（因）决定了剧情（果），信念在更高的维度，剧情在更低的维度。

也许你很难分清楚高维和低维的区别，但你可以这样理解：凡是看得见、摸得着的属于低维，看不见、摸不着的属于其他维度。

一旦我们学到了正向的、高能量的信念，我们的高维状态就发生了改变。如果从高维度俯视低维度，"过去""现在""未来"是同时存在的，因为它们都由你当前的状态决定，只不过在低维度要通过"时间"这个媒介来逐渐显现，就好像有了过去、现在和未来的区别。

这和编剧需要用几个月甚至几年的时间写出一个剧本，再用打印机一点点打印出来是一样的道理，其实剧本早就在编剧的大脑（看不见的高维状态）里了，但是仍需要耗费大量的时间才能让它从抽象状态变成实体（看得见的低维状态），因此这个时间段就被分成了过去（写作前）、现在（写作中）、未来（出版后）。而实际上，编剧大脑里的东西早已经决定了一切，只是如果他不表达出来，我们就看不见而已。

所以高维度的信念一旦改变，就会从自信到天赋再到创造，循环不息、毫不费力地同时影响你的过去、现在、未来。前面这张图已经形象地表达出了这个观点。

这里面，影响现在和未来还好理解，影响过去是怎么回事呢，难道历史事件还会发生变化吗？我说过几乎所有的事件都是中立的，区别在于你如何看待。比如，过去你因为某事一直记恨某人，但后来你想通了，你决定原谅对方，甚至感谢对方带给你的课题。那么在此刻，过去这个事件对你的意义就完全变了，从"坏事"变成了"好事"，这不就是改变了过去吗？此刻的你也将因为信念的变化而充满光辉。

你可以想象一下电影中的大英雄在剧情高潮阶段浑身"发光"的样子，其实那就是信念能量达到了顶点，与高维度的自己完全合一的状态。此刻他们心中不会再有世俗的情绪和欲望，只有大爱。好好回忆一下，电影里是不是都是这么演的？然后这种状态将在低维度通过"时间"这个变量缓慢成像，让我们一步步从现在过渡到未来。我们总感觉未来似乎很遥远，其实它早就由你当下的状态决定了。

可能你会纳闷：那我辛辛苦苦折腾什么呢，给自己设置了好大的障碍，突破重重困难最后却变回了原来的样子，然后再缓慢地过完这一生，这不是自寻烦恼吗？事实上，这里有两层意义：一是这个挑战非比寻常，极少有人能拿到满分，大部分人都没有准备；二是即便我们活成了本该有的样子，但这个样子和最初的状态是截然不同的。

比如一个刚刚出生的婴儿，他不懂人世间的复杂，纯真无邪。但是随着年龄的增长，他慢慢有了"我"的概念，开始懂得维护自己，懂得自私、利用、欺骗、评判他人，当然在这个过程中他也学到了很多做人的道理，慢慢品尝喜怒哀乐。又过了很多年，他开始反思过去的种种，对人生有了新的理解，变得乐观豁达、积极助人，最终大彻大悟，又变得像个婴儿一样没有私心、纯真无邪。但此时他的智慧程度已经完全不同了，其能量大大超过了当初婴儿时期的水平。

生命蓝图

透视过去、改变现在、预演未来

没经历过低维度世界的我们当然可以轻松处在高维度、高能量的状态中，但**求发展、求进步是生物的本能，只不过视角和维度决定了我们发展的方向**。动物的发展是繁衍后代，因为它们处在更低的维度，感知不到其他的发展方向；人类的发展是追求功名利禄或私人情感，因为大部分人在其所处的维度里只能感知到这些东西的稀缺和紧迫，看不到其他的可能。只有站在更高的维度向下看，我们才会明白**真正的发展是提升信念、智慧、勇气和爱，它是所有发展的动力和源泉**。也只有这样才能解决低维度的问题，这就是"高维打低维"。

如果你不理解我说的这套逻辑也没有关系，你只需要按照图中的示例把内容放到适合的位置，时常温习自己的课题就好了。慢慢地你就会发现过去的那个剧本已经和你再无关系了。

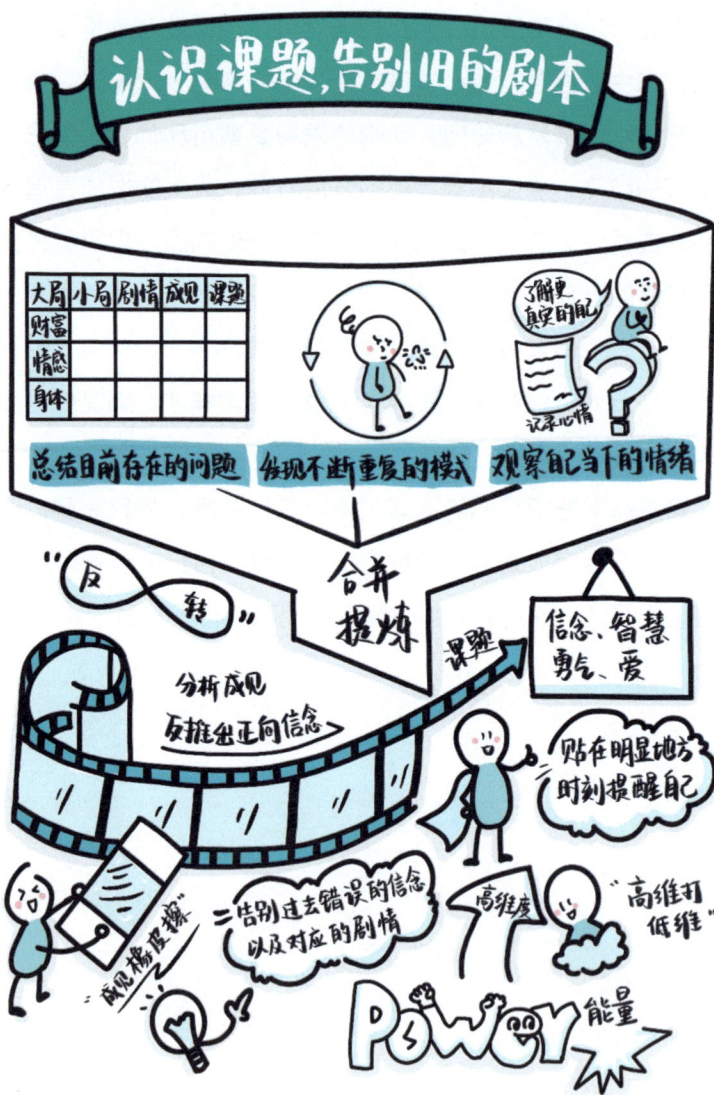

生命蓝图
透视过去、改变现在、预演未来

CHAPTER 04　发掘天赋，规划新的剧本

通过学习第3章的内容，我们将逐渐发现自己的成见，完成对应的课题，清空陈旧的剧本。而天赋则帮助我们抓住新的机会，找到新的剧本方向。

很明显，课题是负向的，即"改正错误"；而天赋是正向的，即"发扬优势"。正向和负向如同阴阳两极缺一不可，但由于人们日常普遍关注自身的负向而忽略正向，所以别人的正向优势更显得珍贵。

举个例子，我们会被钱钟书的作品和文章吸引，却不会在意他上学时数学考试不及格，因为他的优点已经掩盖了他的缺点。同理，我们一提到周星驰，想到的一定是他那些经典影视作品，而不会关注他曾经跑龙套的经历……也就是说，如果你有一个非常特殊且明显的优势，那么它就可以掩盖你的不足之处。以前我们总关注短板，其实培养长板更加重要，毕竟"物以稀为贵"。况且对于短板，你还可以找到其他的伙伴来配合你补足，从而丰富你的社交关系，但长板是很难被替代的。

你可能会质疑："木桶原理"都说了，短板决定了水桶的盛水量，所以要尽力改正自己的缺点才能成功。事实上，如果你打

破原先的限制，把木桶倾斜到一定的角度，最终决定木桶能装多少水的恰恰是长板而不是短板。

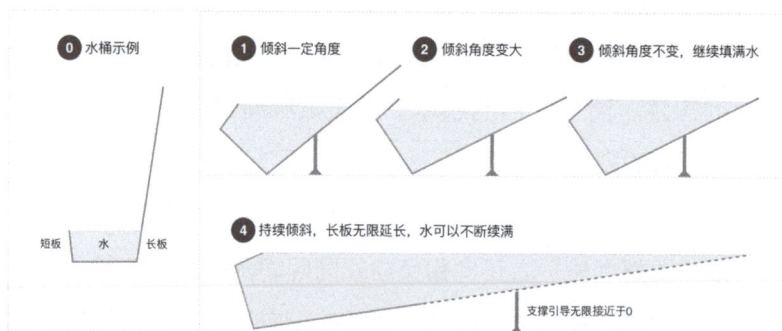

所以，**没有什么是绝对的，只要能打破限制、换个角度，你总能得到不一样的答案。**

你看，这又和我们从小受到的教育是相反的：小时候父母和老师总提醒我们要补齐短板，这是因为我们要考试呀，别人可没法帮我们考试；而进入社会靠的是发挥长板优势，并和他人合作共赢，用最大的合力完成各种挑战。我们的人生就是这样，取胜的秘籍总是和"初始设定"相反，答案总是颠覆你曾经的想法，人生游戏的设计者是多么有智慧、多么有创意啊！

现在就让我们在生命蓝图的指引下，来到我们要找的正向信念循环系统的第二个部分——天赋，也就是我们未知的长板。

生命蓝图
透视过去、改变现在、预演未来

·4.1 重新定义自己的身份·

还记得我在"1.2 认识使命，做人生赢家"里提到过的"身份"吗？如果我们能持续发展好天赋，最终就可以成功定义自己的"身份"。

比如，周星驰的"身份"是喜剧明星/导演，但是他最初只是一个群众演员；马云的"身份"是企业家/慈善家，而他曾经是个名不见经传的英语老师。类似这样的人还有很多。

他们曾经被嘲讽、被否定，因为没有人知道他们将来是什么身份，以为他们只是普通人却不走普通人的路。但是他们始终坚持自己的梦想，最终取得了成功，重新定义了自己的"身份"。这个"身份"，其实就是天赋的表现形式。

也许你们会觉得这样的人太遥远，那我举个身边的例子吧。我有个朋友曾经是一名职业电竞选手，那个时候电竞行业远没有现在发展得好，她的收入十分微薄。所以她后来就选择了读重点大学，毕业后又去香港某知名大学读了研究生。现在她在互联网公司做设计管理，想法和创意处处受限，当然年薪还算不错；而当年和她一起打电竞的队员却成了主播，年收入已经远远超过了她。

虽然一个人的价值不能用收入来衡量，但从客观的角度看，我认为那个朋友的"身份"绝对不是一家互联网公司的设计管理这么简单。她非常特别，兴趣爱好广泛、想法古灵精怪、精力旺盛、执行力特别强，但现在感觉她整个人萎靡不振。我问她为什么不去自己做点事情，她说有房贷和家人的压力，觉得还是在公司上班比较稳妥。

很多人都是类似的情况，因为现实压力选择留在公司上班，但其实我们完全可以先用业余时间来发掘自己的天赋和才华，做到两不耽误。

· 4.2 360度立体挖掘天赋 ·

说到天赋，恐怕大部分人都会说"我没啥天赋"。还有很多人会说："我觉得现在的工作和生活都很辛苦、也很无聊，收入又不高，我很想改变，但是不知道该怎么改变，完全没有方向。"

如果你觉得又辛苦、又无聊、收入又不高，那你一定没有用到自己的天赋。如果你用到了天赋，那你应该又快乐、又有价值感、还能赚钱才对。

当然，天赋不会从天上掉下来，你也不要抱着赚钱的想法去找天赋，因为天赋是那种你宁可赔钱也要去做的真正喜欢的事情。

你可以想想，自己平时在什么方面花的时间最多，在什么方面学习的内容最多，在什么方面花的金钱最多，做什么事情最开心，最愿意和别人分享什么……

把想到的内容依次罗列出来，并为每项内容打分，不用非常严谨，凭感觉就好，每一列的总分是100分。打好分数后再横向计算总分，排出名次。如果你感觉最后的排名结果和自己内心的预期差距较大，可以再调整分数。

现实版：

依据天赋	时间	学习	金钱	开心	分享	总计	排名
工作	50	0	5	0	5	60	2
写作	20	0	0	25	10	55	3
讲课	0	0	0	20	30	50	4
专业咨询	0	0	0	20	20	40	5
心灵成长	20	100	95	30	30	275	1
运动	10	0	0	5	5	20	6
总计	100	100	100	100	100		

从我的表格中可以看出，我对心灵成长最感兴趣，在这方面的悟性也比较好，那就把它作为我的天赋好了；接下来是工作，虽然我现在没有那么喜欢这份工作了，但是在这方面投入的时间和精力最多，说明我在这个领域一定有很强的专业技能，那么其实这也是我的天赋；再其次是写作、讲课和专业咨询，分数差别不大，所以这些也是我的天赋。

我们每个人都可以按照这个表写出自己的天赋。比如，有的人是全职主妇，那么育儿、烹饪、手工可能就是她的天赋；有的人喜欢打游戏，那么游戏和娱乐可能就是他的天赋；有的人喜欢喝酒，那么品酒也许就是他的天赋；有的人把时间都花在日常工作上了，那么在该领域的专业能力和经验就是他的天赋。

这些可能会让很多人感到意外：这也能算天赋？没错，天赋并没有大家想的那么高不可攀，它就是从我们生活的点滴中建立起来的。不要给自己设下任何限制，只要你投入时间和精力了，那么它就是你的天赋或很快就可以发展成为你的天赋。

除了自己找天赋，你还可以请朋友帮忙，作为参考和补充。问问朋友，在他们眼中你和别人最大的不同点是什么，他们在什么情况下会第一时间想到你，最佩服你的一点是什么。鉴于别人对你的了解一般不会比你自己更深刻，所以只需要他们回答1个问题就可以了，最多不要超过3个。

尽量区分朋友的类型，多找不同类型的朋友，这样可以从不同角度帮你发现自己的特点。

这里需要注意的是，"在什么情况下会第一时间想到我"这个问题的回答，表面上看可能是类似"吃饭""无聊时""心情不好"等没什么意义的回答，实际上如果深挖下去，也能挖出很多东西来。

比如，我有个朋友说她的朋友在需要人帮忙吵架时会第一时间想到她，难道她的天赋是吵架吗？这里其实可以引申出很多她独有的特质，比如讲义气、为朋友两肋插刀、适合当合伙人、执行力强等。

朋友的每一句看似不经意的评价里，都一定隐含着你的优点，否则为什么你们能成为朋友呢？所以我们一定不要光看表面内容，解锁自己是需要我们多花心思的。

下面是我自己的例子，在整理的过程中我有了很多新的发现。

朋友版：

问题 朋友	我最大的不同点	什么情况下会第一时间想到我	最佩服我的地方	隐藏的天赋
A （好朋友）	对同一个事情总是有不同的理解	心情不爽时 （说明我擅长开导别人）	能自由安排时间，能同时做很多事情	见解独到、时间管理
B （读者）	很上进	专业方面遇到问题时 （说明我擅长解决专业问题）	能写作	专业、写作
C （同事）	好像对什么都不在乎，也不着急	工作遇到问题时 （说明我工作能力强）	能不断输出	时间管理、解决问题的能力

　　我从中发现了自己时常有独特的见解，那么在写作时就可以突出这个优点，重点说明我的见解和常规见解不同的地方。另外我比较擅长利用时间，比如我在2019年上半年开设了4期专业课程培训，参与了十几场大型分享会，写了12万字的专栏作品，同时也没耽误正常工作和陪伴家人的时间。所以未来我也可以考虑介绍时间管理方面的内容。

　　当然，天赋不是固定不变的，它是逐渐发展起来的。

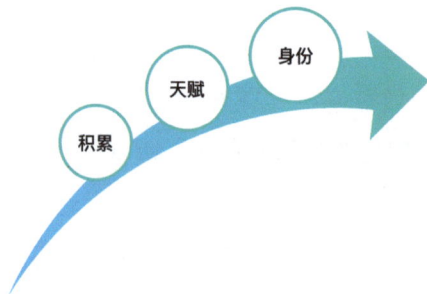

积累　天赋　身份

生命蓝图
透视过去、改变现在、预演未来

比如，我最初只是想写写工作总结，后来发展到写博客，再后来发展到写第一本专业入门书，然后又写了关于跨界思维的第二本专业书，再后来是完全跨领域的增长专栏，现在又开始转型写心灵成长方面的书。我并不知道未来会怎样，也许还会在此基础上发展出新的我现在无法预料的东西。所以不要忽视过去的点滴积累，也不要对未来设限。

那既然天赋会沿着过去、现在、未来不断发展，我们不妨再分别深挖过去和未来，看看有没有"漏网之鱼"。

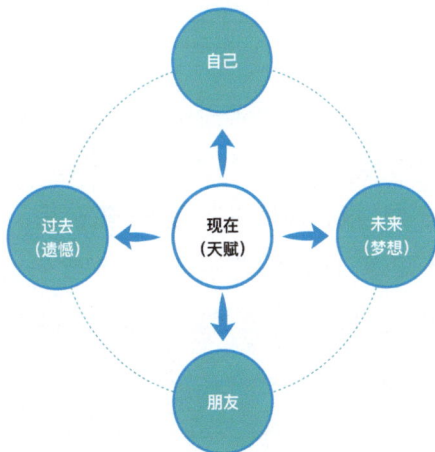

先说说未来吧，也就是我们的梦想。比如，你想花时间做什么，想学习什么，想花钱做什么，自己做什么会很开心，和别人分享什么你会很得意……

梦想版：

依据\天赋	时间	学习	金钱	开心	分享	总计	排名
旅游	50	25	45	40	30	190	1
心灵课公开演讲	20	10	0	20	20	70	3
开公司	10	10	10	10	10	50	4
国学传统	10	20	15	10	15	70	3
心灵成长咨询	10	35	30	20	25	120	2
总计	100	100	100	100	100		

我最大的梦想是有时间的话可以环游世界，其次是能通过一对一咨询快速解决别人生活中的困惑，然后是心灵成长方面的公众演讲和学习国学传统，最后是自己开一家公司。

有人说我不知道自己的梦想是什么，那我们也可以回顾一下过去，想想你过去的人生精彩时刻：你当时做了什么，感觉如何，有没有让人大跌眼镜的经历。

过去版：

精彩时刻\描述	你做了什么	自己感觉如何	别人对你的评价	隐藏天赋
初中	历史考了年级第一，分数远超过第二	吃惊、意外，因为根本没怎么复习	小伙伴们都惊呆了	历史

生命蓝图
透视过去、改变现在、预演未来

续表

精彩时刻 \ 描述	你做了什么	自己感觉如何	别人对你的评价	隐藏天赋
高中	获得英文打字比赛一等奖	我也不知道为什么打字比别人快，很享受打字的感觉	打字可真快	打字
大学	考上硕士	太不容易了	难以置信	时间规划、管理
大学	选修课有个演讲汇报	我觉得别人都讲得特好，他们讲的是文化艺术，而我太丢人了	觉得我与众不同，居然讲了人生	心灵成长
硕士	写了篇结合心理学的动画论文	自己特别满意，感觉人生到了一个新高度，惊叹自己居然有如此见解	导师特别满意，觉得论文有高度	心理、心灵成长、电影解读

通过表格我又有一些新的发现，比如历史，事实上我是学理科的，但是现在年龄越大，越发现自己对文化历史方面的东西感兴趣；然后是电影解读，我对电影总有不一样的理解和深刻的反思，只是之前没有太在意过。

这里要特别说说再次出现却被我忽略的时间管理。我考研之前先研究了一下录取规则，发现录取标准是既要看总分，又要保证单科分数过线。然后我在网上搜索各种考研心得和攻略，发现学习数学和英语的捷径就是多做历年真题，而学习政治主要靠记忆，可以考前报个冲刺班。通过我想要报考的学校的论坛，我又了解到专业课的考试内容每年差别都不大，只要认真参考一下去年真题就行。于是，在复习时我优先把大量时间用在学习弱项——数学和英语上，最后留很少的时间突击学习政治和专业课。最终我以总分刚刚过线，每门课的分数都刚刚过线的成绩被录取。查看排名的时候，我才知道有好几十个人比我总分高，但是因为单科分数没过线所以错失了机会。

要知道，我读本科时学习成绩并不好，而且这次是跨专业考试，在没有学过高等数学和专业课的前提下只用了半年时间复习，和诸多名校高才生同场竞技，最后居然取得了胜利。

这样的事情在我的人生中反复出现，因为擅长规划时间，我总能以最少的精力得到想要的结果。

如果不是通过这样的整理，我真的都想不起自己的这些"天赋"了。其实，这些"印记"一直在我身上从未离去，只等着我有一天再度发现它们。

当然，不是每个人都能通过"人生精彩时刻"得出明显的结论，我有几个朋友在回忆的时候都出现了类似的问题：内容太多了，而且看起来很散，好像和天赋不沾边。比如，我有个朋友的精彩时刻是这样的：

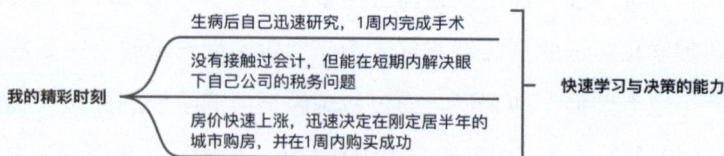

	生病后自己迅速研究，1周内完成手术	
我的精彩时刻	没有接触过会计，但能在短期内解决眼下自己公司的税务问题	快速学习与决策的能力
	房价快速上涨，迅速决定在刚定居半年的城市购房，并在1周内购买成功	

生命蓝图
透视过去、改变现在、预演未来

像生病看医生、临时解决税务问题、快速决定买房等看起来好像并不算天赋，但是合到一起就可以发现规律——快速学习与决策的能力。这不就是一个天赋吗？她可以很好地利用这个天赋，帮助身边的人解决各种问题，因为她掌握了解决问题的核心思维。根据这个天赋，她找到了新的学习方向——博弈论，希望借此加强决策能力，以便用在自己未来新公司的经营策略的制定上。

突然觉得，人生其实就像我们很久没整理过的仓库。好好收拾收拾，淘一淘，就总能发现宝贝。

·4.3 无限制合成独特天赋·

现在我们已经有了很多关于"天赋"和"梦想"的素材了。注意天赋的优先级在梦想之上，因为天赋代表现在，梦想代表未来。然后，我们把通过"朋友"和"过去"经历发现的隐藏天赋归类。如果你觉得你现在在这方面就很有天赋，就将其放到"天赋"里，否则就放到"梦想"里。我们可以结合前面的打分情况、出现的频率、感觉等各方面综合确定优先级。一般来说，隐藏天赋的优先级会更靠后一些，因为它们尚未被完全发现。

序号	天赋（现在）	梦想（未来）
1	心灵成长（内容）	旅游（内容）
2	工作（内容）	心灵成长咨询（方式）
3	写作（方式）	心灵课公开演讲（方式）
4	讲课（方式）	学习国学传统（内容）
5	专业咨询（方式）	学习文化历史（内容）
6	时间管理（内容）	开公司（方式）
7	电影解读（内容）	

接下来我们来看看如何将它们组合成我们的专属个人天赋，以及该如何着手推进这些天赋的发展。

生命蓝图
透视过去、改变现在、预演未来

我们可以把天赋和梦想中的事项分成"内容"和"方式"两种。比如，"心灵成长""工作""时间管理"都属于具体内容，它们一般是名词；而"写作""讲课""咨询""开公司"属于传播方式，一般来说是动词。从这里我们已经可以发现，天赋一定是具有传播属性的，我们要利用天赋把某些东西分享给更多的人，而不是闷起头来自娱自乐。

接下来，我们从天赋、梦想以及内容和方式这几个维度重新进行梳理，并合并同类项。

形式　　　　阶段	天赋（现在）	梦想（未来）
内容	心灵成长	旅游
内容	工作	学习国学传统
内容	时间管理	学习文化历史
内容	电影解读	
方式	写作	
方式	讲课/演讲	
方式	咨询	
方式	开公司	

先看内容部分，在心灵成长、工作、时间管理、电影解读、旅游、学习国学传统、学习文化历史这几项里，排名最靠前、我最关注的是心灵成长。并且我认为，不管是工作、旅游还是学

习、管理时间，本质都是为了成长。所以"心灵成长"就是我的核心天赋内容，是所有内容的交集和源头。当然，每个人的核心天赋内容都是不一样的，有的人的核心天赋内容可能是音乐、电影、剧作甚至是尽情吃喝玩乐，这些都是可以的。

接下来再看方式。这几个方式里，写作排在第一位，其次是讲课/演讲、咨询、开公司。写作是我最核心的表达方式，也就是天赋和梦想的载体。我既可以写心灵成长方面的，也可以写工作领域或者时间管理方面的，未来还可以写与旅行、国学相关的。我甚至还可以把这些内容交叉组合，比如写旅行过程中对心灵成长的感悟，写在学习国学过程中对个人成长的感悟，写工作、时间管理与心灵成长的结合……这样就可以源源不断地产出各种内容，而不怕灵感枯竭没有内容可写，同时也树立了自己独特的风格。

搞定了写作，就可以顺势讲课、咨询、甚至开公司等。当然，每个人的核心表达方式是不一样的，也许有人不擅长写作，但是擅长运营、销售、设计、厨艺、手工等，那就把自己最擅长的作为核心表达方式，再向外拓展。

注意，这里我们一定要分清楚内容和方式的区别。如果没有天赋和梦想的内容，只盯着表达方式是不会有效果的。比如，你无法让一个对音乐没兴趣的人演奏好乐器，无法让一个不爱观察的人学好摄影，也无法让一个不爱学习的人认真读书。

但是反过来，我们很有可能在行动的过程中发生改变。比

生命蓝图
透视过去、改变现在、预演未来

如，你可能在学乐器的过程中爱上了音乐，在学摄影的过程中爱上了观察和旅游，在看书的过程中学会了思考……所以如果你现阶段还没有足够的天赋和梦想，不妨有意识地让自己学习一些新东西，也许在学习的过程中你就能够发现自己的兴趣，唤醒沉睡已久的天赋和梦想。

不用担心自己的兴趣爱好太多、太杂或没有用，尽量什么都去试一试，这样才更容易发现自己真正喜欢、擅长什么。

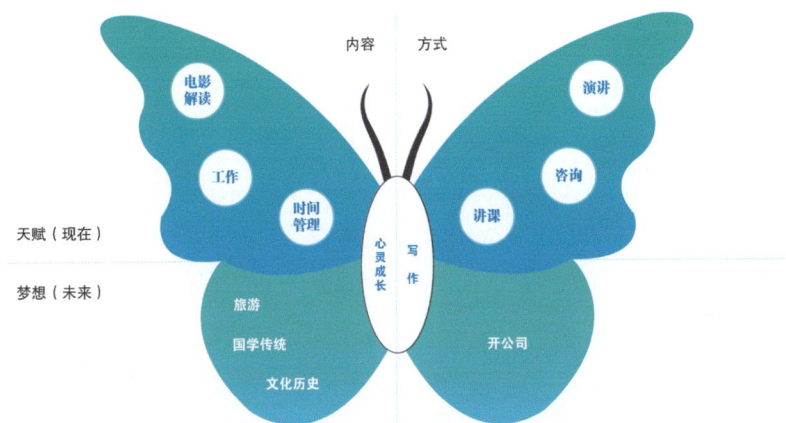

我们可以把提炼出的天赋和梦想画出来。就像上面这个蝴蝶，虫体是你的核心天赋内容和核心表达方式，也就是你现在可以立刻去做的事情；左边的翅膀是你要传达的内容，右边的翅膀

是你传达的方式；上半部分翅膀是你现在就可以去做的事情，下半部分翅膀是你未来计划去做的事情。这样就形成了一个完整的天赋梦想模型，帮助你破茧而出、展翅高飞。

　　对于我自己来说，核心内容是心灵成长，这是我此生追求的方向，核心表达方式则是写作。所以对我来说，把心灵成长方面的感悟写出来，就是我目前最重要的事情。

·4.4 实现天赋梦想的限制·

找到天赋并不容易，实现它就更加困难了，其中最大的阻碍就是不自信，其次是相关的各种成见。

我刚写完天赋才华这部分，就迫不及待地把它分享给我的朋友们，想看看大家的反馈。结果只有个别人快速找到了自己的天赋并立刻行动，大部分人给我的反馈都是"不行啊，还是找不到"。

于是我就详细询问情况，最后发现不是他们没有天赋，是他们的成见实在太多了。

比如经常有人跟我说：

"以前喜欢的东西好多，但是后来不喜欢或没再继续喜欢了，所以不可能再成为天赋了。"

"对于人生精彩时刻的那些事情，当时是挺兴奋的，但是离现在太远了。"

"我的兴趣范围好窄啊，兴趣没有你那么多，找了半天就两三个。"

"我的兴趣太多、太杂了，彼此之间毫无关系。"

"我发现我并不是很喜欢我擅长的东西，这可怎么办？"

然后我就会跟他们讲："谁说一定要持续喜欢才能成为天赋？谁说不能再利用过去的能力？谁说两三个兴趣爱好太少？谁

说一定要一眼看上去相关才行？"

这些其实都是人为的限制，导致大家梳理了半天还是觉得自己不行。

比如说，你过去擅长但是后来放弃的事情，是不是可以成为你今后的能力储备，帮助你做其他想做的事情？就像我以前是做互联网产品设计的，还写过专业书，那么就算以后我不喜欢设计了，我过去培养的思维能力、写作能力也都可以用在心灵成长方面啊，比如写现在你们看到的这本书。

我再拿我一个朋友的例子来分析。她说她特别喜欢美食，希望吃遍天下美食，可是这算什么爱好呢？而且她现在的天赋特别有限，只有心理咨询/疗愈方面的，还不专业，仅仅是兴趣。然后她还说以前学过营养学，后来觉得够用了就不再学了。另外她还喜欢养多肉、兰寿和小龟，很享受这个过程，有一种被治愈的感觉。但是她说的这些和天赋八竿子打不着啊，她还是找不到自己的天赋。

我说："你的天赋不是很好找吗？你可以记录探索美食的过程啊，还可以分析美食中的营养。另外，美食和心理疗愈也可以成为一个组合，帮助人们在享受美食的过程中疗愈自己的身心，这样你就成了一个疗愈美食家。你还可以把美食、养动植物、心理疗愈结合起来，形成你独特的疗愈方法……"

我感觉这样说下去可能没有尽头，朋友则听得目瞪口呆：

生命蓝图
透视过去、改变现在、预演未来

"原来还能这样？疗愈可以这么简单？"我说："是啊，没有你想的那么复杂。你就是给自己太多限制了，觉得这也不行，那也不行，当然就看不到自己的天赋了。"

第二天她又跟我说她想起了以前很喜欢跳舞，上大学的时候加入了学生会文艺部做领舞，还做过合唱队指挥，工作以后也会参加每年的年会。可是她五音不全，跳舞也不专业，不知道这些东西现在还有没有用。我说："有啊，你知道吗，舞蹈和音乐都是特别好的疗愈方式，最典型的比如广场舞，还有蹦迪等。这些方式都和专业无关，重要的是大家可以很开心地放松自己，在欢乐的氛围中能量自然就提升了，因为能量和快乐有很大的关系。"

我发现所有认为自己找不到天赋的朋友，经过我这么一分析，都能找出源源不断的天赋组合。还有的朋友，压根连表都没填完就知难而退了，说想不出来对应的内容。很显然，他们给自己的限制更多。

如果你看到这里还没找到自己的天赋，那么不用怀疑，你的头脑里还有很多成见。如果你不能让自己处在放松的状态中，还被继续封锁在限制的牢笼里，那有再多机会摆在你面前你也会视而不见。你会无意识地暗示自己："这些有什么用？我不行，我做不了……"

所以，耐心觉察，认清自己的成见非常重要。这里再列举一些常见的和天赋有关的成见供你参考。

有钱有闲再说天赋

很多人要到30多岁以后才开始慢慢思考人生、思考自己真正想要什么。而在那之前，几乎所有人都在做同一件事情：赚钱。

我发现我身边真正开始关注自己内心需要的人，几乎都是30岁以上或者是工作比较轻松的人，总之要么有钱，要么有闲。

我有段时间在某平台上做职业发展的咨询，当时来找我的人都比较年轻，但他们多半都感到非常焦虑：担心自己赚不到钱，担心自己买不了房，担心自己没有未来，担心自己短板很多……面对这种情况，我一方面为他们感到惋惜：明明那么年轻，明明有无限机会，却感觉看不到希望；另一方面，当时的我也感觉很无力，因为我没有办法劝说他们放下焦虑，先去思考人生。毕竟人没有钱举步维艰，钱是迫在眉睫的事情。所以我只能从专业的角度告诉他们如何准备简历，如何选择工作机会，如何调整好自己的心态等。但是这样还是解决不了本质上的问题，他们还是会在竞争中苦苦挣扎。

我们不必等到有钱、有闲的时候再去思考人生最重要的事情。钱是赚不完的，比较和竞争也永远没有终止的那天，除非你早早明白人生的意义。到那个时候，钱会"追"着你跑，别人也会把你当作标准。

你可以观察一下这个世界上特别优秀或特别快乐的群体，会发现他们和普通人之间最大的差异，就是他们早早就有意识地培养自己的天赋，知道自己的"身份"，并且朝着这个方向不断实践，直到完成梦想。

天赋是生来就有的

很多人觉得自己没有天赋，我在画出这个"蝴蝶展翅图"之前，也觉得自己没有什么天赋。看着别人做副业或者做自由职业实现财务自由，我却只能干瞪眼而不知道从何下手，还会忍不住感叹：人家怎么就这么厉害！

但是这个图一画出来，我自己都震惊了：原来我现在就有这么多事情可以做，并且未来还有很多事情可以继续探索。其实每个人都是一个大宝藏，就看你能挖多深。所有人的天赋都是无限的。

比如我有个朋友，他不爱学习、不爱读书，更别提写作了，平时下了班就喜欢回家玩游戏。说真的，这样的人实在是太多了，身边一抓一大把，感觉毫无天赋可言。他也认为自己什么都不会。

但先别急着下结论，我们看看他的本职工作——销售，然后稍微分析一下为什么他做了这么多年销售。因为他性格开朗乐观，擅长沟通。同时因为他工作时间比较自由，又有足够的补贴，所以他有大量的机会带客户玩。那么他的"方式"可以是拍短视频、直播、社区分享……他的"内容"可以是游戏、线下游乐设施、酒店、旅游、展览、娱乐、美食……如果他不喜欢这个方向，还可以考虑运营、活动策划等需要连接人、连接资源的副业方向。

我跟他说了这些想法，他激动地拍着大腿说："对啊，这些都是可以做的啊。可惜我就是懒，总是行动不起来。"

这是绝大多数人会面临的问题，当我们要面对一件从来都没做过的事情时，会感到犹豫和恐惧。因为我们都害怕失败，也都会习惯性地认为自己还不够好，还没做好准备。

我不够好+财富主题=我没钱；我不够好+情感主题=没人爱；我不够好+身体主题=我有病；我不够好+天赋梦想主题=我没那个命！

然而天赋并非命中注定，不是说天生就有个天赋放在那里等着你发现，这样就变成宿命论了。有很多"大师"号称可以帮助你找到天赋，我曾经也很依赖这些大师。但是最后发现，天赋还是要靠自己去寻找，不能依赖别人。

那些大师告诉我的天赋，有的是我已经丢弃的，比如小时候学的音乐；有的是我尚未开启的，比如理财；有的是今生可能都与我无缘的，比如中草药配制、电报解码……我相信他们说的都是真的，都是可能性，只是这些可能性不适用于当下，或者目前没有被我变成现实，甚至未来也实现不了。

　　每个人的经历、兴趣、努力都可能发展成为不同的天赋，人生是无限的，充满了各种可能性。就好像有一张巨大的画片，你在有限的人生里把注意力聚焦到哪里，哪里才会成像，否则就是模糊一片。所以决定权在于我们自己。

　　如果一开始就锁定了答案，认为一定是某种"命中注定"的东西，那我们肯定会失望而归。即便我们找到了答案，也会因为不够自信而暗示自己时机未到，继续把希望寄托于未来，从而错过了眼前每一个让自己可能立刻改变的机会。

天赋必须足够杰出

　　很多人以为，拥有天赋的人必须在某个领域有很高的造诣，比如郎朗在钢琴方面有天赋，丁俊晖在台球方面有天赋，周迅在表演方面有天赋……这就给天赋设定了很多人为的限制，认为它是少部分精英的专属，且每个人只能有一个。

　　在《异类》一书里，作者格拉德威尔对社会中各行各业的成功人士进行了分析，发现了一个令人吃惊的结果：他们大多在成名前，就已经在自己的领域里累积了10 000小时以上的练习时间。

　　当然，并不是单纯地加强练习就可以，还需要天时、地利、人和。比如，你能有机会比别人更早接触某个领域，你能坚持不懈地从事与这个领域相关的工作……所以要找到天赋，一方面靠机遇，另一方面靠持之以恒的练习。

这种说法虽然很有趣，但也让很多读者深感绝望，认为自己没有那些成功人士的好运，再怎么努力也没用。同时自己已经是成年人了，已经错过了10 000小时的练习机会，真的是此生无望了。

其实并不是这样的，毕竟作者分析的成功人士都是几十年前出生的人了，那个时候的时代背景和现在完全不同。过去，资源和机会都非常有限，想要成功就必然需要良好的家庭环境和机遇。但是现在是一个物质空前繁荣、百花齐放的时代，除了仍需要花费一定的时间探索天赋，过去的很多规则已经不再适用了。

比如现在人们的工作压力越来越大、生活节奏越来越快、接触的信息越来越多，快餐式的文化或娱乐方式反而更受欢迎。我们看毫无营养的综艺节目和电影，看不知名网络主播的表演，仅仅是为了放松一下紧张的神经。我们不在乎其制作是否精良、内容是否深刻，只要够轻松、够有趣、够新奇、能解压，就能吸引大众的视线。这就是"泛娱乐化"的时代。

这就让更多"草根"有机会在大众面前展示自己。随着分享的途径越来越多、分享的门槛越来越低，普通大众接收到的信息也更多了，越来越多的人开始追求小众的偶像、图书、旅游线

生命蓝图
透视过去、改变现在、预演未来

路、表演等。

这是一个从大众化过渡到个性化的时代。这种大环境的变化，必然导致对天赋的要求和以前不同。

以前要足够专业才称得上"天赋"，它不属于大众人群，只属于极小部分人，大众人群只能望洋兴叹，但它同时也是普通人出人头地、改变命运的机会。现在，在这个人人平等的时代，天赋不再是为了出人头地，而是为了我们自己过得更好。

所以现在，我们并不需要再像过去那样，在竞争中拔得头筹的能力才能发展天赋，只要我们在某个领域投入的时间和精力足够多，能做出自己的特色，那么它就是我们的天赋。哪怕只是唱首歌、弹支曲、种点花、养只鸟、做道菜……只要有特点就能吸引更多的人。

同时我们也不一定只有一个天赋，我们可以有很多"不够专业"但是非常受欢迎的天赋。比如，我在抖音上关注了一个既会弹古筝又会做汉服的男生；还在keep上关注了一个把每天的早餐做得像童话插图般好看的英语老师，同时她还是健身达人；我还关注了一个创业公司总裁的公众号，同时她还是两个孩子的妈妈，在带孩子方面非常有心得……他们都有很多粉丝。

以前我们讲究"精专""杰出""无与伦比"，现在我们讲究"跨界""有趣""与众不同"。我们确实需要在天赋上投入很多精力，但并不需要与任何人比较。更何况当你在做你喜欢的事情时，你根本不会觉得累，不知不觉间就达到10 000小时了。

所以，要实现天赋，根本不要有什么心理包袱，不要认为只有在一切变得完美或够专业之后才能展示出你的天赋，不要在意别人怎么想，勇敢地去做就好。

经常有朋友问我："天赋我找到了，但是觉得自己还不够专业，是不是应该考个证？"那我就会说："你是不是一定要有证书才能从事这方面的事情？你又不是要当律师或医生。你之所以想考证是因为对自己没信心，你完全可以现在就行动起来。比如，可以先在朋友圈告诉大家你想做这方面的事情，一开始可以免费为大家服务，做得好了再慢慢收钱。如果在做的过程中觉得确实有必要学习相关内容，那再考证也可以啊，重要的是先行动起来。"

更何况，现在乃至未来会涌现出越来越多根本无证可考的新奇职业，比如社群运营、电竞选手、职业喂猫师、网络主播等，那你要怎么办呢？可能你会奇怪：喂猫还能成为职业？是的，我朋友请的职业喂猫师半个小时收费260元，并且非常受欢迎，目前费用还在不断上涨。她的保洁阿姨听说后自告奋勇要帮她喂猫，被朋友果断拒绝。我说："不就喂个猫吗，能有什么区别啊？"朋友说："喂猫师对猫特别温柔，不仅喂它还逗它玩，像对待自己的孩子一样。而阿姨打扫时嫌猫碍事，一直轰它，我很担心她在我不在家的时候能不能照顾好它。"所以，很多职业看上去十分简单，却并不是人人都能做好的。

如果你能打破限制，你甚至可以根据自己的兴趣和特长自创一个有趣的职业。但你如果一直停留在老旧的思维里，那就只能被动地等待普通且竞争激烈的机会了。

一本我很喜欢的书里写道：如果必须做到完美，那我这本书只能写5页。看到这句话我忍不住大笑，心想这作者太有自知之明了，但其实那本书对我来说意义深远。高产作家李欣频不顾别人"慢工出细活"的质疑，几乎每年都有新书问世，她有句话让我印象特别深刻，大意是：我不管别人怎么想，不管书能不能出版、有没有人看，我就是要写，而且不写会死！事实上，她的书十分畅销。

我自己在写这本书的时候也有很多顾虑。毕竟现在研究这方面的人这么多，而我既不是心理学博士，也不是国家二级心理咨询师，更没有经历过什么生死考验。但是我知道，我就是很想做这件事情，我很享受书写的过程，所以我就是要写出来。一开始我完全不知道怎么写，那就随便写，写着写着就有了感觉。带着对生命的诸多疑问，灵感自然会给你回答，就这样我写出了很多自己之前并不知道的信息，这令我感到十分震撼。

所以，只要你有想做的事情，不用担心做不好，立刻去做，做着做着你就会惊叹于自己的潜能。不要等到以后，因为"以后"永远都是"以后"，永远不会成为现实，真正存在的只有"现在"。

天赋既单一又严肃

以前我们常说：头悬梁，锥刺股；要想出人头地，就要把人生的全部精力集中在一件事上；吃得苦中苦，方为人上人；天将降大任于斯人也，必先苦其心志、劳其筋骨、饿其体肤……但是现在，如果你没有意识到时代的变化，那就只好继续吃一辈子的苦了。

事实上，越是专业，就离大众越远，越曲高和寡。我们不要把目标锁定在"专业"上，而是要让更多的人体会到乐趣，这才是属于这个时代的更大的价值。

天赋不需要我们非常辛苦地寻找，它不是单一的、固定的，不是可遇不可求的，不是稀有的，不是充满限制的，不是严肃的，不是需要牺牲的，不是辛苦的，也不是痛苦的……天赋是为了玩。

是的，你没有看错，天赋就是玩！我们的使命就是在玩乐的过程中找到真正的自己！

你可能会觉得奇怪，听起来怎么好像和传统的定义不太一样。其实并不矛盾，你必须专注在自己喜欢的事情上并发挥无限的创造力，才可能将其发展为天赋。这不就是玩吗？人生真的是

生命蓝图
透视过去、改变现在、预演未来

一场盛宴，是顶级的游戏场所。

在这个过程中，我们的目的不是付出、贡献、帮助别人，而是等价交换。没有人需要牺牲和付出，没有人需要委屈自己。每个人都是平等的，如果所有人都能专注于自己擅长的事情并创造价值，这个世界就会无比美好。

我刚才说不需要委屈、牺牲，并不是无情、自私的意思。还记得我之前说过的"爱如空气"吗？空气对任何人都没有偏爱或依恋，而是绝对的平等，它也没有超出自己的能力范围去刻意奉献什么，它只是静静地存在于世间，这就是宇宙"平衡"的法则。如果有了偏爱或者依恋，我们就可能为了某人、某物去伤害其他人，那么这并不是真正的爱，而是"小爱"。

《道德经》里写道："天地不仁，以万物为刍狗；圣人不仁，以百姓为刍狗。"这句话的意思是：天地是无所谓仁慈的，它没有仁爱，所以对待万事万物都是一样的，任凭万物自生自灭；圣人也是如此，任凭人们自然发展。其实，这反而是真正的"大爱"。

我又想到了小时候看过的一个动物纪录片：一只小鹿得了一种奇怪的病，反复追逐自己的尾巴绕圈子，直到筋疲力尽而死。而摄影师就一直拍摄，拍到鹿死了为止。主持人说："很多小朋友非常不理解，说我们怎么这么残忍，为什么不去救那头鹿啊。可能你们现在还不理解，这叫'生态平衡'，我们作为旁观者，应尽量为大家呈现自然的原貌，而不是去干预自然。"

长大了，我才慢慢明白"生态平衡"的意义。大自然有自己的规律，我们要做的是尊重规律而不是任性为之，不要因为眼前的得失而损害长远的利益。

所以，实现天赋绝不是要救赎、牺牲、付出、委曲求全，也不是光接受别人的价值而不去创造价值，而是要在供需之间保持平衡。你可以好好想想，你平时是消费多还是创造多。如果你消费多、创造少，那你就会越来越没钱；但是反过来，消费少、创造多也未必会让你变得越来越富有。你应该保持消费和创造之间的平衡。

这是因为，我们在消费的过程中可以从别人的创造中吸取灵感，再运用到自己身上，创造新的有价值的东西，用得到的收益再去消费别人的创造。如此无限循环下去，这个世界就会产生越来越多的创造和价值。所以不要舍不得消费或盲目消费，要有意识地在消费过程中吸取精华，而不是无意识地填补空虚。

总之，天赋并非是单一、严肃、无趣的，它要求我们专注在"玩"上，同时在"平衡"的韵律中成就自己也成就他人。

天赋一定会有结果

不要以为自己的天赋一定会有什么结果，或者一定会帮助你功成名就。

导演李安在成名前一直苦苦坚持梦想，由太太一人养家；导演饺子用"啃老"的方式坚持自己的动画梦想；丁俊晖的父母为了培养他更是卖掉了房子。

但我们不要因为看到这些个别案例，就认为天赋都是这样"赌"出来的，不要以为把宝都押在天赋上就一定能有结果，大部分人最后可能血本无归。

写到这里，我开始思考一个问题：如何区分天赋和执念？比如，我以前看过一个选秀节目，某选手实力很一般，评委劝他改行做别的。但是这个选手特别坚持，说做歌手是他的梦想，无论别人说什么他都不会放弃。

与他的情况不同的是，余文乐、周笔畅、王俊凯、易烊千玺、蔡徐坤等人也曾在选秀比赛中被淘汰过，但他们没有放弃，后来都成了明星。

所以，在遇到挫折或困境时，我们应该采取怎样的行动呢？是应该努力坚持，还是及时止损？

这个时候我突然想起《爱是一切的答案》这本书，瞬间知道了答案。我们不妨就用爱的内涵来解释：兴趣和天赋有如此强大的力量，可以让我们忘记时间、全神贯注，是因为它们出自爱。爱就是那种你心甘情愿付出，在其中感到快乐却不要求回报的状态。你会勇敢行动，但不会执着于结果。就好像旅行，重要的是探索的过程，而不是旅行的终点。

所以，如果真的喜欢，就不妨继续坚持，但同时抱着最坏的打算，不必执着于最后的结果，重要的是享受过程。毕竟，天赋是为了帮助我们体验快乐和创造价值的，而不是我们追求功名利禄的筹码。只要想通这点，就不会对天赋这件事有执念了。

类似的问题还有：当觉得别人比我好时，我应该积极地向别人学习还是坚持自己的方向？

答案依然是带着爱去看这个问题。一旦我们懂得爱自己，懂得自信，我们就不怕别人比自己好，反而会带着欣赏的眼光向对方学习。正向的竞争和学习是非常必要的，只不过我们要在自己特点的基础上取长补短，而不能盲目地模仿他人。

生命蓝图
透视过去、改变现在、预演未来

·4.5 通过天赋让生命流动·

天赋和兴趣的区别

经常有人对我说："我还没找到天赋呢，我只有兴趣爱好，那些都算不上天赋。"

但如我前面所说，在现在这个时代，天赋并不要求有专业认证或足够杰出，而是要有趣和特别。那这样的话，天赋和兴趣爱好的区别是什么呢？是不是就可以把它们当成一回事了？不！它们完全不一样！

兴趣爱好是用来自娱自乐的，而天赋是为大家创造价值的。既然是为他人创造价值，就一定要把它创造出来并向大家分享、传播，否则大家就无法感受到价值。

如本书"3.5 在蓝图中绘出旧剧本"所说，天赋是我们看不见的高维度的能力，如果我们不花费时间和精力使它在低维度呈现出实体，其他人就无法看见或感知到，更无法从中得到价值，那这个天赋就没有存在的意义了。可能你会说这本来就是自己的能力，创不创作、分不分享它也在自己身上，跑不了。其实不然，如果不将它的实体呈现出来，我们自己也无法意识或感知到它的价值，也同样无法从中受益。就好像画家不画画，音乐家不作曲，作家不写文章……那他们既失去了创造的乐趣，也无法感知到自己的潜能。

我在写这本书之前和写完之后的意识状态完全不同，很多信息是我在写的过程中才逐渐发现的。我经常看着自己的文字感叹不已：天啊，原来是这样啊！如果不写，也许我永远不会知道这些信息。所以，**输出才是最好的学习方式，也只有在输出的过程中才有创造的可能。**

所以，区分兴趣和天赋的方法很简单，就看你是否正在做、正在创造并把它分享、传播出去。在传播的过程中，你又能通过他人的反馈或建议不断调整、精进，从而创造更大的价值。比如，我的天赋表格最开始只有一个，我把它发给了周围很多朋友，根据朋友的反馈我不断补充、完善内容，才使得这个体系越来越完整。

生命的本质，就是用天赋创造价值,再用金钱交换价值、享受价值的过程。

在交换的过程中，你可以享受别人用天赋创造的各种价值，比如吃美食、看美景、看电影、阅读、穿漂亮的衣服、玩游乐设施等。在交换的过程中，你也同步拥有了自己的圈子，有了良好的人际关系、时尚的外表、健康的身体等。并且你在吸收价值的过程中又可以创造新的价值再将其传播出去，这样整个世界都处于正向循环的创造过程中，不断前进变化，而不会保持静止。这就是这个世界存在的意义，也是**我们每一个人的人生意义——在**

生命蓝图
透视过去、改变现在、预演未来

创造、互相交换的过程中获得最大的快乐。

生命的本质绝不是关起门来自娱自乐，否则就成了一潭死水，这就是我前面说兴趣爱好不能取代人际关系以及情感需求的原因。生命的目的也绝不是要跟人一争高下，否则所有人都会按照同一个模式发展、按同一个标准竞争。就好像自然界如果只有一种生物，该是多么无趣。

反过来，如果全世界几十亿人都能做自己，都能专注于培养自己的天赋来创造不一样的价值，那我们就可以享受几十亿种不同的服务，生命也将最大限度地被开拓、被丰富。正是因为如此，天赋又叫"天命"，是我们本应活出的样子。

找回被偷换的剧本

还记得我前面说过的吗？高维度的我们为了找到存在的价值和创造的乐趣，创造了一个什么都缺的低维环境，并设置了相匹配的成见，好加大游戏难度，让我们在此反复斗争。只有这样，我们才能充分体会战胜困难和打破限制的感觉，最终成就自己。

由于信念决定剧本，因此我们的剧本就这样被"偷换"了。我们每个人都是杰出的导演、编剧、游戏策划。在这场策划中，我们被设定为忘记自己的天赋使命，偏离原有的方向，然后再努力反转剧情通过考验。这可真是一出大大的好戏！

就好像在电影《哪吒之魔童降世》里，哪吒本应是灵珠转世，却被偷换成了魔丸，于是哪吒就成为一个魔童，具有极强的破坏性，与村民的矛盾也不断升级，直到顶点。这样，编剧想要的效果就达到了，看似毫无回转余地的剧情，为之后的精彩反转做好了铺垫。果然，哪吒后来被感化，用自己的天赋拯救了村民，成了大英雄，和灵珠并没有什么两样。

在这个剧情里，编剧先设定了哪吒应有的灵珠身份，再巧妙地"偷换"哪吒的命运，再让哪吒因为爱的感召回到最初的身份，即和灵珠一样造福百姓，让一切最终得以圆满。

魔童哪吒是我们每个人命运的缩影，我们都或多或少被"偷换"了命运，但依然有人能出色地完成课题，找到"天命"。为什么这个电影如此受欢迎？因为它反映了人生剧本的客观规律，是绝佳的人生教材范本。

生命蓝图
透视过去、改变现在、预演未来

·4.6 在蓝图中绘出新方向·

我们先总结一下关于天赋梦想的成见以及对应的课题。

限制性信念	信念（课题）
以前喜欢，现在不喜欢了，就没法成为天赋了	任何兴趣都有价值
我喜欢×××，但是感觉没用啊	
以前擅长的，离现在好遥远	擅长的就是我的资本
我擅长的我不喜欢	
我的兴趣范围太窄、种类太少	有兴趣就值得开心
我的兴趣太多太杂了，彼此毫无关系	把不相干的东西结合到一起就是创意
有钱有闲再说天赋	现在就实现天赋
天赋是生来就有的	
天赋必须足够杰出	先分享兴趣，再根据反馈不断探索、精进
天赋既单一又严肃	
天赋一定会有结果	创造就能给我带来快乐

如果你有上述成见，那你就把对应的课题放到蓝图相应的位置上。当然你也可以在此基础上补充自己的其他成见。

比如，我选择了"现在就实现天赋"这个课题，因为我的行动力一直比较差。我把它放到"天赋"和"创造"之间，因为它既和天赋有关，也和创造有关。

接下来，再把之前完成的"蝴蝶展翅图"放到蓝图对应的位置上，如下图所示。

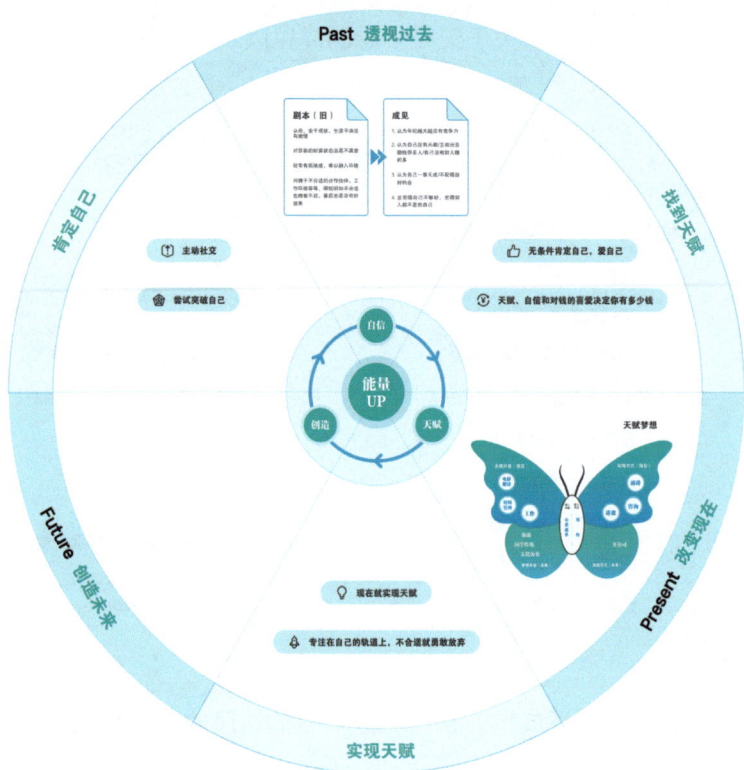

现在，我们已经为自己找到了新的人生方向，并准备好扬帆起航，去实现我们全新的人生剧本！

生命蓝图
透视过去、改变现在、预演未来

发掘天赋，规划新的剧本

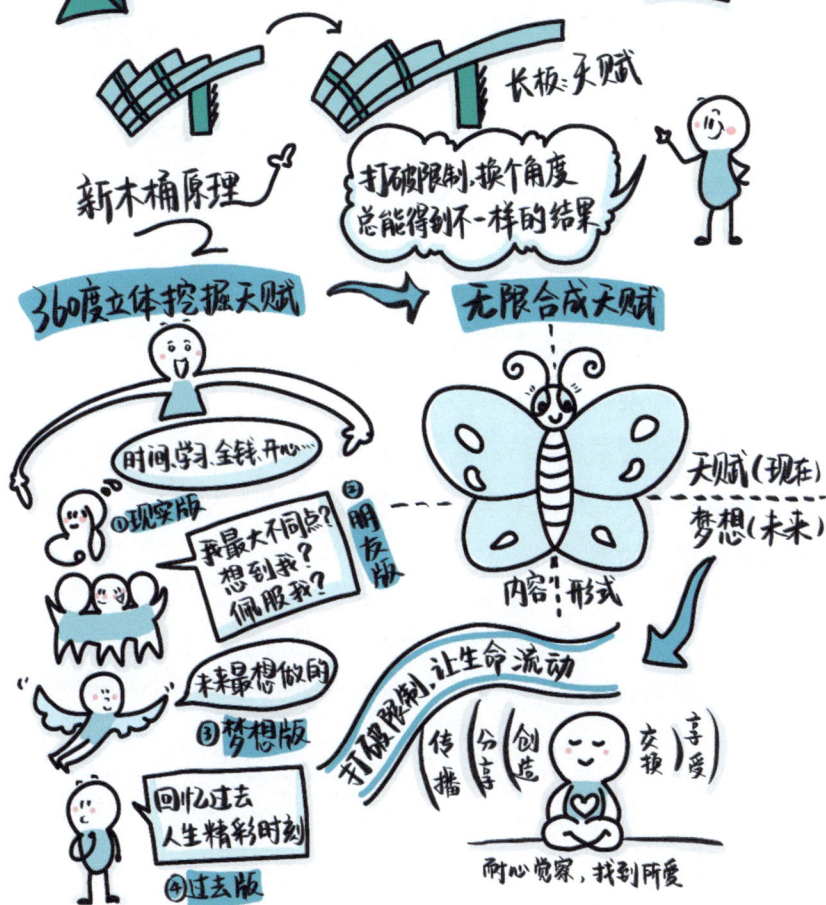

长板=天赋

新木桶原理

打破限制，换个角度，总能得到不一样的结果

360度立体挖掘天赋 → 无限合成天赋

时间、学习、金钱、开心……

① 现实版

我最大不同点？想到我？佩服我？

② 朋友版

天赋（现在）

梦想（未来）

未来最想做的

③ 梦想版

内容、形式

回忆过去人生精彩时刻

④ 过去版

打破限制，让生命流动

传播 分享 创造 交换 享受

耐心觉察，找到所爱

CHAPTER 05 大胆创造，实现新的剧本

很多年前，在我决定写第一本书的时候，我发现身边很多人都有写书的想法。但是几年过去了，当我马上要出第三本书时，当时那些朋友还一本书都没写。这样的例子实在是太多了，因为迟迟没有展开行动，所以当年的梦想最终都成了回忆，甚至后来想都想不起来了。

所以，即使你通过前面的思考已经找到了自己的课题、天赋、才华，但如果你后面没有付诸行动，那么它们就只能活在你的头脑里，跟没有也差不多。

然而具体应该怎么行动呢？一想到这里，很多人又止步不前了。在这一章，我们就来学习具体的行动计划，帮助你在创造的过程中实现新的剧本。

生命蓝图
透视过去、改变现在、预演未来

·5.1 设定清晰的10年目标·

首先，我们需要在天赋的基础上进一步设定清晰的、可实现的目标。很多人以为人生是一场漫无目的的旅行，其实并非如此。如果你观察优秀的人的生活轨迹，你就会发现，他们都是有目标的人。有一句话说得好：你现在的目标决定了你3年后成为什么样的人。

但是遗憾的是，大部分人既没有定目标的习惯，也不知道怎么定目标。

举个我在工作中遇到的例子。我一直在互联网公司做设计工作，对于设计师来说，大家通常会去想怎么更好地完成任务，怎么体现设计的专业性，以为这就算是目标了。我问过很多设计师对未来有什么规划或想法，大部分人都会说没想过这个问题。就这样日复一日，很多人工作再久也还是老样子，没有半点进步。其实，安于现状也是一种成见，毕竟环境一直在改变，并不以我们的意志为转移。在充满挑战的"初始设定"状态下，人生真的就如逆水行舟，不进则退。

对于个人如此，对于一家公司来说也是同样的。有太多公司无法明确自己的大方向、大目标，各个部门都有各自的业绩指标，导致整个公司乱成一团、资源内耗严重。这样的公司即便有大量融资，也会很快失败。表面上看是由于激烈的市场竞争，其实即便没有竞争，这样的公司也很难维持下去，因为它根本没有做好自己。

那么该如何设定目标呢？我们在设定目标时应该满足以下几点要求。

以终为始设定目标

在《高效能人士的七个习惯》一书里，有一条习惯是"以终为始"，意思是把自己未来想要得到的结果当成目标，而不是随便定一个目标。

"想要"的意思是，这个目标一定是发自你内心的，而不是迫于社会压力而不得不追求的。在电影《三傻大闹宝莱坞》里，主角兰彻总是能毫不费力地取得第一名，而整天跟他在一起的两个好朋友却是班里的最后两名。他们非常不理解，问兰彻："为什么我们整天一起嘻嘻哈哈，你却能考第一？"兰彻说："因为我是真心喜欢这个专业的，这是我的天赋和热情所在。但你们不是，你们迫于家庭或社会的压力，努力进一所好学校只为将来找个好工作。你们并非真正喜欢这个学科。"

后来，其中一个朋友决定勇敢追求自己儿时的理想，成为一名野生动物摄影师。而另一个朋友最终从抑郁的状态中摆脱出来，找到了理想的工作。

生命蓝图
透视过去、改变现在、预演未来

怎样判断目标是不是发自内心的呢？你可以想一下，这是你10年后想要成为的样子吗？变成那个样子会让你感到激动吗？会有美梦成真的幸福感吗？如果不是的话那你就要小心了，因为这根本不叫目标。

真正的目标不仅给你方向，更支撑着你在不知不觉中坚持10 000小时以上的练习并成为某领域的专家，还能让你在这个过程中体会到乐趣。否则，即便你用过人的意志力强迫自己坚持下去，也会抑郁低落，最后得不偿失。

不是说意志力没有作用，而是当两个人的意志力一样时，一个对某件事充满兴趣，一个毫无兴趣，那么前者的效率将会远远高于后者。兴趣的确是最好的启蒙老师，所以你的目标也一定要和兴趣相关，是自己真正喜欢并想要实现的。

以未来的眼光看未来

我在上一家公司工作的时候，老板让我们每个人写下10年后我们想成为什么样的人。大家写完后老板并不满意，他说："你们都在以现在的视角看未来，结果还是和现在差不多，只有量变没有质变。"他让我们不要受限于现在，放手大胆地去写。

这个时候我才意识到，我之前从来没有想过这个问题，但如果没有这方面的设想，未来的我很可能真的和现在差不多，没有什么突破性进展。写下未来10年的目标，这真的是个很值得称赞的做法。

后来我写下了"10年后，我想成为改变行业的人"，老板说这回看起来有点意思了。但是我当时的具体计划和我的目标根本对不上，因为我还不知道怎么实现我的目标，感觉它离我实在太远了，自己都觉得不靠谱，所以这个目标也就搁置了。

相信目标可以达成

当时的我因为好高骛远，为了达到老板的要求而高估了自己，写下了我自己都不相信的目标，因此这个目标是没有任何意义的。如果现在让我来写，我就有底气得多了。结合前面的人生课题和天赋梦想图，我会写：10年后，我希望可以帮助更多人找到天赋梦想，改变他们的人生轨迹！

你可能会觉得，这句话听起来更像是人生使命。但为什么我没有把这种形式作为人生使命，而要把人生使命定义为把初始的负向信念循环改变成稳定的正向信念循环，赋予原来的"局"不一样的意义，改变我们的人生剧本呢？

因为人生使命是很难用一件具体的事情来描述的。以前有人告诉我，我的人生使命是连接更多的人和信息，唤醒更多的人。其实这和我那句"帮助更多人找到天赋梦想"确实是类似的，但是当时的我一头雾水，完全不明所以。只有当我明白了我要克服自己的成见，主动去做我一直很感兴趣却不敢做的事情时，我才慢慢找到"天命"的感觉。这时再回来比对，我才明白当时那个人的话是什么意思。所以"天命"是无法被预知的，即便知道了也没有用，但如果你完成了该做的课题、找到了天赋，一切也就水到渠成了。

总之，我不建议用很具体的事情描述使命，一是因为它是在行动中逐渐演化出来的，并不固定；二是不要给自己设下任何限制，我们的未来始终是无限的，有无穷的可能。而我这里说的10年目标也仅作为阶段性的参考方向而已，是用来帮助我们在现有基础上开阔自己视野的。但随着视野的进一步开阔，未来又会出现新的更有挑战性的目标。所以，人生使命并不是某个阶段的事情，而是我们倾尽一生都在做的事情，我自然要赋予它没有阶段性限制的定义。

不要把过程当目标

很多哲学书倡导放下执念，顺其自然。这听起来似乎和树立远大的目标是相违背的。关于这个问题我思考了很久，后来才逐渐明白个中缘由。当我们判断一件事情是否合适时，关键要看它是正在破除你当前的限制，还是正在给你设下新的限制。

不管是树立远大的目标还是顺其自然，都是在帮助我们破除当下的限制，因此两者并不矛盾。一方面，我们破除当下的限制，树立了超出当前视野的远大目标；另一方面，我们不对实现目标的方式设限，顺其自然。也就是说，把想要得到的结果或成功的状态当作目标，而不要把实现的过程或方式当作目标。

举个简单的例子，如果你想减肥，那么你的目标可以是一个季度健康地减掉10斤，而不要把每天做30个俯卧撑当作目标。如果你规定了自己一定要怎样，你就很难完成。因为要想实现目标可以有多种方式，比如健康饮食、跳舞、瑜伽、跑步等。我们可以用不同的方式让自己在愉悦的情况下实现目标，不要给自己设定任何限制。

我有个朋友，之前她喜欢记录自己的生活和感想，然后她就给自己做了个规定：每天必须坚持记录。结果坚持了一周，她就放弃了。

我还有个朋友，她的儿子非常喜欢玩游戏，根本停不下来。于是她就规定他每天必须玩够8小时游戏，否则不准上床睡觉。她的儿子很开心地接受了这个规定，但是没坚持多久就受不了了，再也不想玩游戏了。

如果你有一个让你激动的梦想，每次你只要想到它就会带来行动力，那你并不需要严格约束自己。我以前有个下属，他一直跟我说他对另外一个项目很感兴趣，想尝试一下。其实他当时并不具备做那个项目的能力，但是看到他如此坚定，我就冒险做了调整，结果从此以后他每天都加班到很晚才回家。我问他是不是工作分配得不合理，是否需要休息休息。他说不用，他是自愿

生命蓝图
透视过去、改变现在、预演未来

的，而且他工作得非常开心。那段时间他进步得非常快，让所有人刮目相看。

所以，我们一定要通过美好的信念来支撑自己的行动，而不要强迫自己去做。如果你想减肥的话，你可以把最喜欢的明星或模特的照片贴到墙上。每当你看到这些照片，想到你以后能拥有和他们一样的美好身材，再看看镜子里的自己，你就会自动放下手中的蛋糕，主动地想要运动（打破限制）而不需要强迫自己（增加限制）。

就像我在本书"4.4 实现天赋梦想的限制——天赋一定会有结果"中讲的，带着爱去面对自己的天赋，享受创造的过程，不要执着于结果。面对目标也一样，我们带着爱设定目标，并享受着朝目标一步步迈进的快乐感觉，而不是带着对个人利益、功名利禄的欲望或是对未来的恐惧设定目标。如果我们把完成目标当成责任或负担，那就变成了负向信念，反而会降低我们的能量。

总之，一切都是为了打破限制而非增加限制。

目标可拆分可量化

如果我们的目标既不可拆分也不可量化，那基本等于无法实现。比如我以前的目标——改变行业，就很难拆分和量化，所以我根本不知道该如何实现。

但是如果把目标改成"帮助更多人找到天赋梦想，改变他们的人生轨迹"，那么就可以进一步拆分和量化该目标。

之所以改成这个目标，是因为通过前面的天赋梦想图，我发现了自己的核心天赋是"心灵成长＋写作"，并且这是我目前就决定要做的事情。如果未来我将其写成了书并能够出版，那最后的结果不就是可以帮助更多人了解自己的人生使命从而改变命运吗？只不过"人生使命"这个词可能会显得过于沉重，会让很多人觉得它离自己太过遥远，提不起兴致去了解，所以我就想到了"天赋梦想"这个听起来比较积极有趣的说法。

所以我可以这样设定目标：在10年内帮助100万人找到天赋梦想，改变人生轨迹。我可以通过用户的实际数量来量化这个目标。

接下来再拆分目标。

时限	目标	量化
10年	帮助100万人找到天赋梦想，改变人生轨迹	100万用户或读者
5年	横向扩展3～5个天赋梦想，帮助30万人	30万用户或读者
2年	筹办线上课程和线下工作坊，帮助10万人找到天赋梦想	10万用户或读者
1.5年	通过演讲或咨询等方式推广新书，销量突破5万册	销量5万册
9个月	和出版社签订合同，完成新书宣传筹备和推广等事宜	新书出版
3个月	完成第一本心灵成长书	手稿完成

生命蓝图
透视过去、改变现在、预演未来

　　这样的话，我就能够给自己规划一个梦想的阶梯，顺着这个阶梯一步步往上爬，直达顶端，而不会让梦想成为空中楼阁。

　　同理，你们也可以结合自己的天赋梦想图，设定未来想要实现的长远目标，并将其拆分、量化。

　　不要说你没有什么长远目标，即便你的目标是享受生活，你也可以带动更多的人学会像你一样享受生活，这是一个非常伟大、值得骄傲的梦想。同时在实现这个梦想的过程中，你也会得到难以想象的快乐。

·5.2 定位自己的差异特质·

梦想也许会相似，但我们每个人都具有不同的特质，如果能够明确并保持这种特质，我们终将走出一条完全不同的道路。

比如都是做电商的，阿里巴巴选择了平台模式，京东选择了自营模式，而拼多多主打下沉市场。正是由于明显的定位差异，这几家公司都能保持高速发展。但如果同质化严重，它们就很难摆脱被吞并或被市场淘汰的厄运了。

我们再看看明星，当红的明星一般都会有很明显的"人设"，比如有的是少女人设，有的是吃货人设，有的是萌叔人设，有的是好爸爸人设……不然娱乐圈里这么多明星，竞争又这么激烈，怎么能够让人记得住呢？

可能你会问，"人设"和"模式"难道不是限制吗？还是那个判断标准，我们要看这么做是增加了限制，还是打破了限制。如果我们能开辟一个新领域、找到一个新方向，并在此积累、扎根，然后选对代表我们独特竞争优势的标签，就可以帮助我们在竞争激烈的市场中占领新的位置，而不需要再像过去那样苦苦跟随别人，所以它对我们来说是突破而不是限制。反之，如果我们选择了所谓的"热门"标签而不考虑自己的实际情况，那么就会

生命蓝图
透视过去、改变现在、预演未来

陷入苦苦竞争的模式，增加我们的限制，阻碍我们成为真正的自己。

横向比较定位差异

在任何一个领域，我们都会遇到很多潜在的竞争对手。要想从他们中间脱颖而出，我们就要"占领"独特的标签，表现出自己独一无二的特色，让大家记住我们。

比如，我现在已经决定写一本心灵成长方面的书，但是横向比较了一下，我发现这方面的作者和书其实很多，而且他们在这个领域已经积累了很多经验，我这个半路出家的作者要如何找到自己的位置呢？

其实很简单，就是观察目前行业存在的问题并找到机会点，然后再利用自己独一无二的经历和优势定位差异点。

可能你会恍然大悟，原来"比较"还可以给我们带来这样的好处！没错，就像我前面说的，任何事情都是中立的，就看你带着怎样的信念来对待这些事情。一般情况下，"比较"会让我们陷入竞争和压抑，觉得自己不够好，但如果带着正向的信念，反而可以从中找到自己的机会。

我们可以用下面这张表格来梳理相关内容。

该领域现有的问题	我的机会	对应我的优势/经历	差异点
不够系统	逻辑性强，擅长总结方法论	写过两本专业书	方法论
有可能让人产生依赖心理、不劳而获	在内容中强调行动力和实操性	写过一个注重实操性的增长专栏，开办过培训课程	实操性强
不好理解	语言朴素、深入浅出	擅长用平实的语言阐释复杂或高深的理论	好理解
过于小众	利用已有资源，先在互联网群体中推广	多年互联网从业经历，在圈子里有一定的口碑和人脉	互联网背景

我在心灵成长领域学习了4年左右，读过数百本心理学、社会学、哲学类的图书，也听过几位老师的课程，还花了不少钱接受各种各样的一对一咨询/个案服务。并不是我真的需要这么多服务，而是我想看看其中的各种服务到底是什么，能提供给我什么，费用如何，效果如何；不同的老师用不同的方式得到的答案是否一致，是否有冲突，哪种最准确，对我最有帮助……我对任何一种新方式都感到无比好奇。

后来我发现这个领域最大的问题是太虚幻、不好理解、难以实践，而且容易让人产生依赖心理，这反而对很多人不利。

正确的做法是既要有意识地提升自己的智慧，又要加强行动力，靠自己解决问题。很多人看到前者，就以为要整天打坐冥想，远离是非，恨不得隐居避世，其实后者反而更为重要。有一本书叫《逆向管理：先行动后思考》，书里提出了一个很有意思的观点：

生命蓝图
透视过去、改变现在、预演未来

大部分人以为要先想好了才能行动，最后反而裹足不前且无法突破原有的模式；不妨反过来，先行动后思考，做出和以前不一样的行动后，你会发现你的想法在行动中自然而然就改变了。

以前我在工作中很讨厌主动跟业务方沟通，并且脑中会预设很多可能出现的情况，比如人家的态度会很不好，会嫌我很麻烦，会懒得理我等等，所以我坚决不主动踏出这一步。但是这样的话我就没有办法计划未来的工作方向，当业务方突然提出需求时我往往毫无准备，导致我每次完成计划的时间都很紧张，在工作方面显得很被动。

后来我的主管让我一定要主动去沟通，并且让我列出行动计划。我在万般无奈之下只好硬着头皮去沟通，结果大大出乎我的意料，每一个业务方态度都很好，完全没有不耐烦，还对我提了很多未来可能的需求，希望我们能帮忙，多多支持。可见做出不同的行动多么重要，远胜过没有意义的胡思乱想。

当然，"行动"不是说你去做就可以了，还要知道具体怎么做。在《神雕侠侣》里，主人公杨过的师父赵志敬不愿意好好向他传授武功，就教了他一堆心法口诀却不传授任何招式，导致杨过根本无法跟对手过招，被打得惨不忍睹。可见"知行合一"的重要性。

所以，我把"行动"作为这本书的非常重要的一部分。我不仅会告诉大家行动的重要性，更会说明具体怎么做，同时还会给出一套行之有效、实操性强的方法，而不会仅限于空洞的理论。

但是我凭什么能做好这件事呢？其他人为什么不这么做呢？这就要从我的优势说起了。

组合差异特质标签

我先自我分析一下：理科出身、逻辑性比较强，再加上多年互联网公司的设计管理经验，我形成了一种独有的构建方法论的能力。这算是一项比较稀缺的能力，因为大部分人经过多年的经验积累都知道怎么做事情，但是很少有人能用抽象的模型对方法论进行归纳并表达清楚，使其成为一套思想体系。也就是自己做得到，但是讲不出来，因此很难将方法传承下去。此外，这个能力还让我可以不断尝试跨界。比如，第一本书是讲我的本职设计工作的，第二本就跨界到了互联网产品设计领域，紧接着跨界到增长领域的12万字专栏；而这本书又跨界到了心灵成长领域。

我每接触一个新领域，都可以用这种构建方法论的能力快速学习、快速掌握规律、快速提炼方法，并且给该领域带来新的思想。大道至简、殊途同归，最后你会发现，再复杂、再深奥的领域也都蕴含着类似的规律，我就是通过这样的方式不断拓宽视野、不断认识世界的。

此外，我擅长用简单易懂的语言描述复杂或深奥的理念。我的第一本专业书的口碑非常好，读者的普遍评价是"好懂""入

生命蓝图
透视过去、改变现在、预演未来

门必备"。心灵成长方面也是一样的，很多朋友读书或听课时遇到不懂的地方就来找我，我就根据自己的理解"翻译"一遍，大家马上就明白了。

而对人性的洞察让我明白，人都是懒惰的，都希望能用最少的力气快速获得看得见的成果。空有大道理而没有具体操作步骤，或是有大量的案例却没有系统的归纳，读者都不会买账。所以我在写前两本专业书的时候，非常注重突出结构性思维和具体操作步骤，填补了当时这个领域的空白。

可能你会感觉有点混淆：这和前面说的天赋是不是一样的？其实还不太一样，天赋是你擅长做的并可以创造价值的事情，差异性特质是你会以怎样不同的方式来做这件事。

除此之外，我还有个优势是在以往的工作中积累了很多互联网方面的资源：有几万人读过我的专业书，我还去几十家知名的互联网公司做过分享，参与过好几场行业大会并作为演讲嘉宾，在圈子里有一定的知名度。另外，互联网从业者普遍加班严重，竞争压力大，容易焦虑，所以从这部分人群切入非常合适。未来在宣传方面，这些也是我可以继续利用的资源。

"互联网跨界+实操方法+简单易懂"，这就是我在心灵成长领域的差异性特质标签。这样即使有再多的人投身这个领域，我也能找到自己的一席之地。

所以，我们只要好好审视自己的独特之处以及过往经历，就

PART 02
重新规划生命蓝图

能挖到很多宝贝，找到自己独特的定位，完全不用害怕与"专业"的人竞争。

2019年国内电影票房排名足以证明这一切。截至2019年底，全国票房收入排名前3的电影《战狼2》《哪吒之魔童降世》《流浪地球》的主创吴京、饺子、郭帆都是半路出家。吴京是武打明星出身，饺子是学医的，郭帆是学法学的。"英雄不问出身"的时代真正到来了，背景不重要，找到自己的独特定位并坚持下去才是最重要的。

在这个过程中，我们要"忽视"自己的短板，紧盯自己的长板，找到破局点。

作为一个理科生，我在文笔上并无优势，但是我的逻辑性比较强。如果我紧盯着文笔不好这个缺点，我就永远不敢写书。但是如果我把注意力放在"逻辑性强"这个优点上，我就能写出具有自己专属风格的书来，并且获得读者的认可。

然而在实际生活中，大部分人都反其道而行之，整天将自己的缺点和别人的优点作比较，结果越来越失落，越来越不自信。假如我在写完第一本书之后整天盯着别人的批评意见和无端嘲讽，我也会没有自信再去写第二本、第三本……然而我知道，很多批评其实与我无关，只是对方的成见而已，因此这些批评不会对我未来的行动产生任何影响。

我相信，很多人看到这里都会想：我没有你那么多资源和经验啊，我没有写过书，没有做过演讲，在自身专业方面也没什么亮点，所以你说的这些对于我来说并不适用……

其实，我有很多的缺点。比如，我有点孤僻，不喜欢社交，不擅长沟通，抗压能力也一般，有时候还会消极悲观。我特别羡慕那些性格开朗、组织沟通能力强、能张罗事的人。但是人无完人，正因为这样的性格我才更容易沉淀思想，而你和我性格不同，也就意味着你很可能拥有我所不具备的优势。

举个例子，我有个亲戚，上学时不好好学习，每天打游戏打到凌晨，毕业后找不到工作很着急。我建议他找与游戏相关的工作，结果他很轻松地找了个游戏网管的工作，后来又做了游戏运营，现在发展得很不错。我有个朋友是全职主妇，没有什么专业技能，但为人很热情，特别乐于助人，我就建议她学习社群运营，现在她做得也很不错。我还有个朋友，不想做以前的工作，想做点别的，但是不知道做什么。她的特点是比较理智、客观，容易让人信任，对赚钱感兴趣，我就建议她好好学习理财，将来可以帮别人做理财规划。

他们身上都具有我不具有的优势和特点，可以做我做不了的事情。我非常佩服和我不一样的人，有需要的时候也会去联系他们，通过合作取长补短。

我们不仅有天赋梦想，还有个人特质以及过去积累的各种经验，这些不仅可以帮助我们形成有特色的标签组合，还可以帮助我们在各个领域绽放光芒，并连接与我们不一样的优秀人才！

过期的自动化机制

为什么我们有这么多优秀的特质，却很难主动发现呢？为什么还是喜欢一上来就先否定自己，先考虑各种限制性条件呢？

前面我讲过，我们很多自动形成的信念，初衷是为了帮助我们更好地生活，就好像电商网站会默认显示你上一次使用的地址。但程序毕竟是程序，它无法预知你以后是否会改变，那就需要我们有意识地看一下再做判断，而不是完全交由程序帮我们掌管人生。

和互联网程序不同，我们人类的"程序"既老套又不智能，很多还停留在原始时代。比如，从众心理就是远古时期的老祖宗留给我们的"遗产"。在那个时候，自然条件非常恶劣，为了能活下去，大家需要住在一起协作，所以我们就有了从众心理。一旦我们和别人不一样了，就会自发地产生危机感和恐惧感，而"落后"于其他人会让我们更加恐惧，担心会脱离现有的群体。当然，太出众也会让我们感到不适，因为这样我们可能成为其他人攻击的对象。所以，"随大流"是最好的选择。

还有一个很明显的例子就是智齿了。以前营养条件不好，牙齿很快就会受到严重磨损，所以需要成年时长出新的牙齿来弥补。但现在这种牙齿已经成了人们的负担，长不好的话还需要拔掉。

接下来要说的是一个很常见但不易被察觉的成见——"不要改变"。过去社会发展得非常缓慢，每代人的情况相差都不大，前人的观念几百、几千年后依然有效，因此人们不需要有太多思想和观念上的变化。而现在，年龄相隔5岁可能都会有代沟，喜欢的东西、流行的文化有很大不同。如果还保持着"不要改变"的成见，我们就很容易脱离时代或者偏离发展的方向。

这样的例子其实还有好多，由于我们进化的速度并没有跟上环境变化的速度，所以很多习性和不需要的东西还是保留了下来，影响着我们的正常生活。这就是现代科技已经如此发达，人类的心智水平与过去相比却没有太大提升的原因。如果我们不改变限制本身，那再怎么学习也没有用，反而会形成新的限制。

但所有的事物都有两面性，都是中立的。换一个角度看，如我在本书"1.4 改变成见，提升能量"里提到的，这样的难度也有利于帮助我们打破一层层限制，激发爱和无限的潜能。

面对"初始设定"和目前的环境，我们能做的就是反其道而行之，不活在和别人雷同的模式里，也不评判他人或刻意比较，而是用更有智慧的方式找到自己的独特路线，然后在这条专属的大道上积累经验、坚持下去，做到"以不争为争"。

·5.3 用导航图展示新剧本·

人生10年导航地图

结合前面得到的核心天赋梦想、未来目标、目标拆分和量化、差异性特质，我们就可以得到这样一张导航地图。这张图告诉我们在什么时间应该做什么、具体怎么做。

10年目标	帮助100万人找到天赋梦想，改变人生轨迹					
主要方式	心灵成长+写作，未来横向扩展其他天赋才华					
时间轴	3个月	9个月	1.5年	2年	5年	10年
目标拆分	完成新书初稿	新书出版	推广新书	做课程	扩展天赋梦想	帮助100万人找到天赋梦想
量化指标	——	——	5万册	10万用户	30万用户	100万用户
差异性特质	心灵成长+方法论+简单易懂		互联网从业者	实操性	跨界	——
机会点	强调具体方法		在互联网从业者中推广	通过线上课程/线下工作坊帮助大家进行实际操作	利用时间管理、电影、旅游、国学等其他内容丰富方法体系	拓展传播方式，存量带增量
资源	以前写书积累下来的出版社资源		公众号、各大互联网公司的朋友、各大合作过的平台资源		——	——

生命蓝图
透视过去、改变现在、预演未来

接下来是最关键的内容，就是我们在每个时间节点具体可以做什么、计划怎么做以及对应的资源是什么。暂时不确定的可以先空着，我们也要给未来留一些想象和期待的空间。

这里不需要写得非常详细，结合前面的分析，整理出大概的思路就可以了。这其实就是我们为自己创造的全新剧本，和过去的剧本相比，是不是有天壤之别？

优秀的演员会在剧本上做各种分析和标注，以帮助自己表演得更加出色。我们也需要进一步细化机会点的实现步骤，"以终为始形成闭环"，出色完成我们的"表演"。

以终为始形成闭环

前面我们说了要"以终为始"定目标，这里又提出"以终为始形成闭环"，那这又是什么意思呢？

其实很简单，就是有始有终地完成一件事情，最后得到的结果就是当初定下的目标，这样头尾相接形成一个闭环。这个闭环分为4步：目标、假设、分解、验收。

这个思路是我多年工作积累下来的心得。互联网公司的工作节奏非常快，强调执行和结果，再好的点子如果没有好的执行来配合，也没有任何意义。

而传统的互联网产品设计更强调按部就班，常见的方式是根据用户反馈弥补产品功能体验方面的不足，或者是模仿、借鉴竞争对手，却不强调自身的目标、优势、实验和结果。这不就是我前面说的典型的成见吗？先默认自己不够好，然后盯着受众的反馈以及竞争对手的动向，不断"补足"自己的短处。这样就导致自己的产品永远都是追随者，不会居于领先位置。而互联网产品之间的竞争是残酷的，只有第一没有第二，"老二"会活得非常辛苦，而且最终还很可能不会有好结果。对于阿里、腾讯这样的头部公司来说，道理也是一样的。如果在某个领域不是"老大"，同样很难凭借"追随"成功者领先。

所以我后来在实际工作中，除了先明确前面说的长远目标、产品差异化特质外，我还在任何一个要完成的事项中都引入了"以终为始形成闭环"的4步骤思路。这样不仅方向更加明确、做事效率更高，工作成果也优于以往。我后来还在数十家知名互联网公司和行业大会上宣传、分享这个思路，得到了广大同行的认可。

后来我又发现，这个思路其实并不局限在专业方面，我们还可以将其应用在人生上，其中的"以终为始形成闭环"部分特别适用于生活中大大小小需要做决策的事项，并且效果很好。

拿我的人生导航地图举例，根据地图，最近3~9个月要完成的闭环是"新书强调具体方法，顺利出版"，未来要完成的闭环是"在互联网从业者中推广""通过线上课程/线下工作坊帮助大家进行实际操作""利用时间管理、旅游、国学等其他内容丰

生命蓝图
透视过去、改变现在、预演未来

富方法体系""拓展传播方式，存量带增量"……

我们先完成第一个闭环。我按照目标、假设、分解、验收的思路，完成了下面的表格。

机会点1：新书强调具体方法，顺利出版			
目标 →	假设 →	分解 →	验收
9个月内新书出版	3个月完稿	2个月完成全部内容	10.10验收
		1个月修改	10.10验收
	3个月内找到出版社	找以前熟悉的编辑	编辑有出版意愿
		告诉编辑这本书的差异性优势是强调方法和实际操作	编辑对此很认同
		找"在行"专家帮忙推荐	专家愿意帮忙推荐

根据原定目标"9个月内新书出版"，提出假设。这里我提出了两个假设，第一个假设是3个月完成书稿，第二个假设是3个月内找到出版社。因为根据我以往的经验，完成书稿并交给出版社后，差不多要半年左右才能正式出版，所以只要完成这两个假设，我就可以保证目标达成。

接下来分解第一个假设：要想3个月完成书稿，我应该在2个月内完成初稿，留1个月的时间集中修改。

然后再分解第二个假设：要想在3个月内找到出版社，我可以先联系以前熟悉的编辑；当然这些编辑未必都愿意帮我出版这本书，因为这本书毕竟涉及一个全新的领域，遇到这种情况的话我就可以告诉他们这本书的差异性优势是强调方法，这结合了我自己独特的优势和经验；如果这些都不行的话，我可以在"在行"App上联系出版行业的专家，看看他们是否可以帮我向出版机构推荐这本书。

再然后是对每一项结果进行验收，验证假设和分解是否成立，结果如何。如果是待完成的事项就写上验收日期，如果是已完成的事项就写明结果。如果结果还不错，则说明之前的假设成立；如果结果不好，我就需要反思，然后尽快想到新的假设并进行分解，好照常完成目标。

再拿第二个闭环"在互联网从业者中推广"来举例。

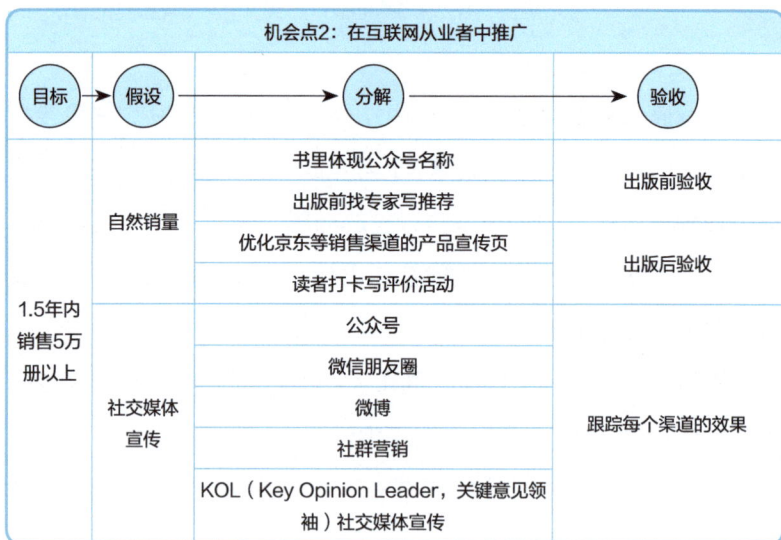

机会点2：在互联网从业者中推广			
目标	假设	分解	验收
1.5年内销售5万册以上	自然销量	书里体现公众号名称	出版前验收
		出版前找专家写推荐	
		优化京东等销售渠道的产品宣传页	出版后验收
		读者打卡写评价活动	
	社交媒体宣传	公众号	跟踪每个渠道的效果
		微信朋友圈	
		微博	
		社群营销	
		KOL（Key Opinion Leader，关键意见领袖）社交媒体宣传	

生命蓝图
透视过去、改变现在、预演未来

续表

机会点2：在互联网从业者中推广			
目标 →	假设 →	分解 →	验收
1.5年内销售5万册以上	付费广告	抖音广告	跟踪每个渠道的投入产出比
		大V广告	
		找有推广经验的个人或第三方平台	
	平台合作	找之前合作过的互联网学习平台，以"免费分享+卖书优惠"的形式推广	记录效果
		互联网公司分享	
		行业大会分享	
		在行咨询	

　　注意表格中的内容仅为示例，不代表真实的推广计划。这样写出来，是不是让你的思路清晰多了呢？这里的验收部分是非常关键的，实际上对于经历过的任何事情我们都可以经常进行反思和调整，帮助我们积累经验，避免重蹈覆辙。

　　这个表格仅供参考，我们可以经常更新或修改，并不是写出来就固定不变了。它的作用是帮助我们发现更多可能性而不是束缚我们。记住，不要给自己设下任何限制。

　　这个方法可以应用于任何需要决策的大事和日常琐事上，比如考学、找工作、参加比赛、寻找创意方向、完成日常工作任务等。不妨平时就操练起来，锻炼好自己的决策和规划能力，结合长远目标和个人优势，最高效地解决问题。

及时复盘并积累

每完成一个闭环，我们都需要及时检验和反思，看看是否能从中得到一些经验教训，并将其应用到未来的事情上。

比如说我2019年做过几期在线的专业课程，可能是因为理念太新颖加上受众不是很合适，很多学员反映学习困难，并且不容易在实际工作中运用这些理念。后来我就停掉了课程，和一个知识付费平台合作写专栏，尝试面向完全不同的群体。在这个过程中，我发现我的很多理念和方法也能用于人生成长方面，毕竟好的理念都是一通百通，并且自己对这方面也很感兴趣，只不过由于不自信而没有继续深入下去。

另外我得到的一个教训就是，一定不要太执着于高深的理念，而要重点结合可以实际应用的方法。比如，当时我做的一个可以快速得出数据测试结果的小程序就非常受欢迎，因为它可以让完全不懂数据分析的人在几秒内就得到专业的测试结果。总之，做培训就是要让大家听得懂、学得会、做得到，这是我从中得到的最大的收获。

所以，人生的每一步都不是浪费，就看你懂不懂得好好利用。

生命蓝图
透视过去、改变现在、预演未来

到这里，我已经将实现蓝图的步骤介绍完了。我再用电影《千与千寻》的剧情帮你梳理一遍"以终为始形成的闭环思路"，加深你的理解。

在电影《千与千寻》里，主人公千寻一家不小心闯进了一个叫"油屋"的陌生地方，千寻的爸爸妈妈被那里的主人汤婆婆用巫术变成了猪。千寻在逃跑的时候遇到了一位名叫白龙的少年，白龙告诉她要想生存，就要留在这里给汤婆婆打工，以后再找机会逃出去。最终，千寻靠着各位好心人的帮助和自己的努力，解救了父母并离开了油屋。

整个解救的过程也符合我说的几个步骤：设定清晰的目标、保持差异性特质、规划一张导航图、以终为始形成闭环、及时复盘并积累。

第一，要有一个清晰的目标，比如"在这里好好生存下去，找机会救爸爸妈妈回家"。这不仅是千寻的信念，也是白龙的信念。正是这个信念，支撑着千寻不管再苦再难也要坚持走下去。

第二，要做到差异化，并且这个差异化最好能上升到对人性的洞察。油屋里所有的人都有一个共同的特征：迷失自我。比如，千寻父母来到油屋后因随意吃别人的东西而被变成猪；白龙来到油屋学习法术的同时忘记了自己真正的身份，变得越来越凶恶；无脸男到了油屋后变得贪婪、邪恶；油屋的人唯利是图，为了金子可以不顾一切……只有千寻是与众不同的，她从始至终保持纯真，不要钱也不要别的，心中只有她的目标。她的这种特质吸引了很多好心人为她提供帮助，让她最终成功解救父母。

第三，有一张清晰的导航地图。为了救出父母，千寻需要几经辗转到汤婆婆那里签约，还要克服自己"笨手笨脚"的毛病，努力做事，应对一项项工作上的挑战。这些对于一个不到10岁的小女孩来说，实在是太难了。但是为了实现"救爸爸妈妈回家"的目标，她鼓起勇气克服了所有困难。

第四，以终为始打造闭环。在导航地图的引导下，千寻完成了一个又一个闭环，比如"恳求锅炉爷爷收留""找汤婆婆签约""给河神洗澡""拯救白龙""拯救无脸男""拯救父母"……在行动的过程中，她懂得了什么是勇气、什么是爱。

第五，及时复盘并积累。每完成一个闭环，千寻都会积攒相应的爱和勇气，直至完成终极目标——"救爸爸妈妈回家"，在整个过程中她不但解救了父母，也实现了自我成长。

其实这和电影《哪吒之魔童降世》有异曲同工之妙：在某个特殊环境里我们"变异"成了另一种状态，不记得自己本来是谁，但是正向的信念总能帮助我们渡过难关，从受害者转变为拯救者。与其说这是蜕变，不如说这本就是我们原来的样子，只不过我们忘记了而已。

而正确的信念也需要正确的行动来配合。无论是《千与千

生命蓝图
透视过去、改变现在、预演未来

寻》还是《哪吒之魔童降世》，剧情都非常紧凑，主人公每时每刻都在行动，都在完成挑战，而不是坐在那里思考、发呆，那样主人公永远都不会成长。正是在行动的过程中，他们重新定义了自己的人生，最终反转了剧本。

· 5.4 在蓝图中绘出新剧本 ·

还记得我在本篇开头介绍的生命蓝图吗？它包含了下面3部分内容。

过去：你旧有的剧本、曾经的成见、蕴含的人生课题。

现在：你现有的天赋、马上就可以拥有的全新的机会。

未来：你全新的剧本、每日的行动指南。

其实生命蓝图就是人生使命的可视化形式，我们从中看到并抛弃过去的剧本，把它努力改写成新的剧本，并通过蓝图的指引将其付诸实践。我写这本书的最主要的目的就是画出自己的生命蓝图，看看它到底长什么样子。

现在，只要把刚刚完成的导航地图放在蓝图中的"创造"部分，这个目的就达到了。希望在这个过程中，可以帮助你用同样的方法绘出自己的生命蓝图。

当然，这张蓝图并不是固定不变的。随着时间的推移，我们会逐渐完成旧的课题、面临新的考验，同时也可能拥有新的天赋梦想，对应的行动和剧情也会有所改变。就好像一个电脑游戏，你选择不同的行动或选项，会产生不同的反馈和剧情，它是智能的、动态的。

生命蓝图
透视过去、改变现在、预演未来

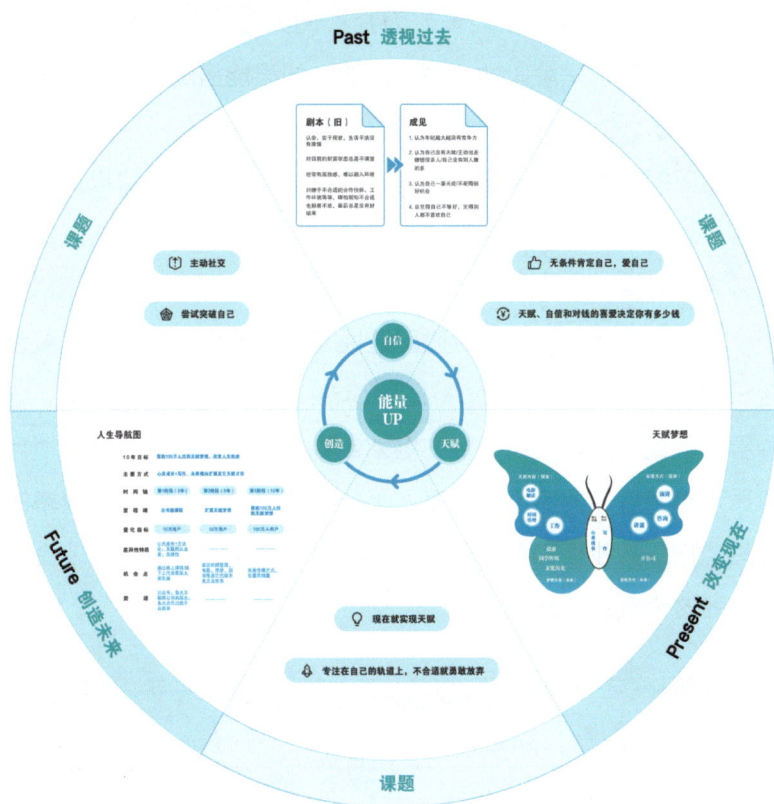

所以一方面，我们要灵活地接纳各种可能性，而不是死板教条地按规划执行；另一方面，我们也要定期更新蓝图，建议至少每年复盘总结一次，然后再描绘下一年的蓝图并将其作为自己行动的大方向。

PART 02
重新规划生命蓝图

生命蓝图就像一张地图，为我们的人生提供了阶段性的引导，但它毕竟也是阶段性"静止"的，如果能搭配上定位系统，就更完美了。

还记得我之前说过的"以终为始形成闭环"吧？可以把每个机会点对应的"闭环"制作成"行动看板"，帮助我们实时监测任务完成进度。

"行动看板"起源于互联网敏捷开发中的任务看板，一般包含Story、To do、Doing、Done这4项。在互联网公司里，这种看板随处可见，一般会贴在墙上或是过道的白板上，帮助项目成员及时了解、同步工作进度，是非常好的提升团队工作效率的工具。把任务看板和我前面提到的行动闭环结合到一起，就合成了下面这个新的"行动看板"。

机会点：新书强调具体方法，顺利出版					
目标 →	假设 →	分解			→ 验收
		To do	Doing	Done	
9个月内新书出版	3个月完稿	2个月内完成全部内容			10.10修改
		1个月修改			11.10验收
	3个月内找到出版社	找以前熟悉的编辑			编辑有出版意愿
		告诉编辑这本书差异优势是强调方法			编辑对此很认同
		找"在行"专家推荐			专家愿意帮忙推荐

生命蓝图
透视过去、改变现在、预演未来

Story代表用户故事及场景，有点类似"假设"；To do代表要完成的事项，类似"分解"。我们可以把要完成的事项分别记录在不同的记事贴上并将其一张一张贴好，一旦开始执行，就把它放在Doing一栏，如果做完了就放到Done一栏。这样我们就可以清晰地知道哪些事情正在做，哪些做完了，哪些还没做。

通过移动记事贴，我们还可以判断计划和执行的比例是否合适。如果To do一栏的内容过多，说明你想得多、做得少；如果To do一栏的内容过少，说明你需要及时想想下一步要做什么。

记得根据实际执行情况及时把To do下面的记事贴放到对应的位置上，记录行动的完成情况，并把最终的结果填写到"验收"一栏。每完成一个闭环，可以进行整体复盘，把得到的经验教训应用在未来的闭环上。

这样的"行动看板"既能提醒我们目标是什么，让我们想象目标完成后的美好状态，从而刺激我们不断行动，还能使我们看到实际执行情况以及最终的结果。可谓是一举多得！

你可以在家里买个小黑板，也可以把它贴在墙上或冰箱上等可以随时看到的地方，以此提醒并鼓励自己。当然你也可以将其写在本子上。总之，一定要行动起来！

生命蓝图
透视过去、改变现在、预演未来

03 PART

在无限中
实现奇迹

　　我认为人生有三个层次：第一个层次是活在无意识的剧本里，就像我在第一篇介绍的典型剧本那样；第二个层次是有意识地规划自己的人生并付诸实践，就好像我在第二篇介绍的绘制蓝图、改变剧本的过程；第三个层次是活在一个几乎没有限制的空间里，每天都活在超越预期的惊喜中。而第三个层次就是我在这一篇要讲的内容。

生命蓝图
透视过去、改变现在、预演未来

CHAPTER 06　运用信念的神奇魔法

　　表面上看，第一个层次和第三个层次都是无意识的，实际上它们之间有着千差万别。就好像日出和日落，虽然看上去差不多，但背后的意义迥然不同。

·6.1 如何让奇迹自动发生·

那第三个层次到底是怎么运作的呢？很多书上都有类似的描述，而我印象最深的是《臣服实验》中作者迈克·A.辛格的令人惊叹的人生经历。

辛格本来是个博士在读学生，因为对心灵成长十分感兴趣，就成了独居森林的隐居者，然而不知不觉间，他建成了大型的心灵成长社区。然后他又成为当地知名的建筑商，赚了很多钱。之后他又成了一名程序设计员，写出了改变医务管理产业的商业软件，建立市值10亿美元的上市公司。就在最风光的时候，他莫名其妙地被人诬陷，经历了被国家调查7年的严峻考验，最后被判无罪。

可以说，每段经历都不是辛格事先规划的，而是在各种机缘巧合之下"离奇"发生的。每一个转折点，都让辛格本人感到不可思议。

那么为什么这个人能拥有完全未经规划的神奇人生呢？辛格其实只是想通了一件事："臣服不是懦弱，不是委曲求全，不是消极地随波逐流，真正的臣服是勇敢地放开自我，全然拥抱当下的变化。然后，我们会看见生命所安排好的、种种超乎意料的惊喜。"

于是辛格决定做这样一个实验：接受命运给他的一切考验，哪怕心里抗拒，认为不可能办到，他也承接下来。其实就是我一直讲的不给自己设任何限制，做到完全信任自己、信任生命。

类似的还有明代哲学家、军事家王阳明，他曾多次替朝廷平叛，从无败绩，被誉为"千古完人"。据说曾国藩、梁启超、张居正、孙中山、稻盛和夫等名人都是他的"粉丝"。

王阳明的前半生坎坷不断，后半生战无不胜，他是如何做到成功反转的呢？有人总结出3点。

第一，面对坎坷，他没有消极抱怨，而是坦然接受一切。他生火做饭，照顾生病的随从，唱歌给他们解闷；开荒种地，与当地的居民交流，把自己知道的所有东西都教给他们。

第二，把精力集中在自己身上而不是外在的处境上。他经常思索，如果是尧、舜、周文王、孔子这样的圣人遇到类似的情况会怎样。后来他终于想明白了：每个人的心中都有"本心"，能够分辨善恶、美丑、忠奸，能够判断世间的一切事物。随心而动、随意而行。

第三，时时观察自己的内心。后来王阳明仕途越来越顺利，但还是经常提醒自己，不要得意忘形，要谦虚处事。

说白了，就是要始终审视自己、保持正向信念。

在这里我还想给大家推荐一篇千古奇文《命运赋》，作者吕蒙正是历史上第一位平民出身的宰相。他在只有几百字的文章里列举了历史上诸多名人经历的各种磨难，以及自己从贫苦到富贵的经历，把人生的道理讲得极其透彻。大家一定要看一遍原文，它会让你感到非常震撼。

如果让我用一句话来总结《命运赋》，那就是人活在世上，富贵时不要得意忘形，贫穷时不要自暴自弃，保持德行，听从天地的安排，根据天地的规律行事吧。其实说的还是不要被环境左右，要保持内心的平静和爱，与天地合一。

尝试按照我前面讲的内容不断实践，假以时日，你也能达到这样的境界。那个时候你不仅会发现人生出奇的顺利，并且会遇到很多看似不可思议的巧合事件，把你的人生剧本推向计划外的高潮。

生命蓝图
透视过去、改变现在、预演未来

·6.2 巧合事件的重要意义·

著名的心理学家荣格，是第一位探讨、界定关于神秘的"偶然性"现象的现代思想家，他把它称为共时性（Synchronicity），大意是说，人生中很多意义非凡的巧合事件并非偶然发生，这些事件的意义在于促进人类意识的成长。

对于这个观点，我深信不疑。因为当我开始关注心灵成长以后，就接连不断地发生了很多"巧合"事件。

比如，我曾经很想联系一位很久没有联系的朋友，但又没什么特别的理由，也不太好意思打扰对方，只好作罢。后来我在网上联系了一位专家帮助我解决工作上的一些问题，万万没想到，那个专家的办公地点就在我朋友的隔壁。因此我就顺理成章地以路过的名义约这位朋友吃了饭。后来，这位朋友对我的成长和发展起到了非常重要的作用。

去年我偶然了解到自己可以申请一项很重要的国际资质认证，而相关认证里面的诸多要求刚好都是我在最近半年才满足的。此外，申请条件里还有一个加分项，就是最好做过相关领域的评委，以证明自己的专业水平和影响力。但是我从来没做过评委，本打算放弃这一项，结果就在两周内，突然有两家机构邀请我做评委，我就刚好满足了这项要求。

类似的情况还有很多。比如，我8月参加完一位老师的线下课程后，觉得意犹未尽，后悔没有参加她的另外一个课程。可是她今年的安排早就提前定好了，后面只有外地的课程了，而且她刚刚来过北京，一般来说不会再来了。结果令人感到意外的是，没多久我就在公众号看到通知，说这位老师决定在北京加开一门课程，其中就包含我想上的课。除此之外，我最近在写这本书的过程中，特别期待未来能遇到得力的帮手，和我共同帮助更多人寻找天赋梦想。结果很快就有几个关系不错但是有段时间没有联系的朋友突然联系我，说很想和我一起做点事情……

当然，这种"巧合"发生的频次和质量和你的意识程度有关。意识程度越高，发生的"巧合"就越多，也越让人称奇。我知道我自己还有很多成见，因此和《臣服实验》的作者辛格比起来，这些只是小巫见大巫而已。

当你的成见逐渐被解除，就会给各种可能性创造机会。那个时候你并不需要刻意地规划，可能就会有符合你的利益的事情发生，进而呈现出你从未想象到的最棒的剧本。就好像你饿了自然会吃东西，渴了自然会喝水一样，宇宙也像这样自发地运作着，这就是大自然的力量、宇宙的智慧。

生命蓝图
透视过去、改变现在、预演未来

·6.3 注意避免"走火入魔"·

看起来本章和前面讲的"刻意"规划梦想好像是相互冲突的，关于这一方面我曾经走了很多弯路，也思考了很久，后来才慢慢明白。事实上我在整个心灵成长的过程中都走了很多的弯路，因为这个领域的图书、老师都是比较偏向意识层面的，并没有很系统的从0到1的实践体系。而每个人的悟性不同，如果悟性不够或学习时间过短就很容易走偏。我就见过有的人为了提升自己去上这类课程，结果因为课程费用太高而弄得自己负债累累。

当然这里我还需要特别解释一下，修行并不是大家想的那样远离红尘、吃斋念佛、打坐冥想、与世无争……那些都是非常表面的。当我们**把重心放在自己身上，注意觉察成见，不过分关注环境的影响，保持平静和快乐的时候，就是在修行**。

修行讲究方法，而其中最重要的就是摆正信念，而这恰恰也是最难的。如果你抱着错误的信念去学习、阅读、看发人深省的电影等，那你看得越多，错得就越多。这就是很多"文化人"食古不化、过于教条和喜欢批判，而一些文化水平不高的人却积极乐观、看问题无比通透、充满智慧的原因。所以修行程度、能量的高低和你的文化程度一点关系都没有，最重要的还是你的信念。

而对于老师或作者来说，他们更关注的是把自己的理念传递出去，而不会过多考虑受众拥有什么样的信念、是什么样的水平，所以这两者之间天然就存在不同能量的鸿沟。心灵成长领域的老师更是如此，他们自身已经到达了很高的高度，所以很难理解普通人到底处于一个什么状态，到底会怎么理解这些理念。如果这个时候直接给受众灌输高维的思想，是非常容易产生误解和歧义的。有一句很经典的话是这么说的：当你已经学会一件事情的时候，你就很难记起自己不会这件事情时的状态。

我第一次看《臣服实验》的时候，就错误地以为不需要努力，顺其自然就好了，命运自然会给你惊喜。毕竟大部分心灵成长类图书也是类似的观点，认为不需要特意看重人力，应该懂得巧妙借用"天力"。我个人曾经很认同这个观点，但是真的践行起来发现完全不是那么回事：慢慢地感觉自己越来越飘，越来越不"接地气"，越来越挑剔世俗的一切，最后成了一个眼高手低、找不到方向的人。

所以如果你问我，怎样才能达到我在本篇开篇提到的第三个层级，我会告诉你，你必须先通过第一个层级，然后才能进入第二个层级，通过了第二个层次，最终你才可能到达第三个层级。如果你一直保留着各种成见，你根本不可能有心思寻找自己的天赋，也不敢梦想未来会怎样。就好像一个被堵得满满的漏斗，再怎么灌水也灌不进去。

生命蓝图
透视过去、改变现在、预演未来

所以，第三个层级的"顺其自然"和第二个层级的"规划未来"并不矛盾。就好像"听妈妈的话"和"独立自主"都是对的，只不过前者更适合儿童时期，后者更适合成年时期，人在不同的年龄阶段有不同的诉求而已。这个世界上并没有绝对的"对"和绝对的"错"，所谓的对错只是大家站在不同的角度所看到的幻象而已。

当你在学习知识的时候，你需要注意的是知识的背景和应用场景，最好能在生活中加以实践，否则你永远不会掌握它。就好像那篇名为《小马过河》的课文。文中的小马不知道河的深浅，它问不同的动物，得到的答案都不一样。有的动物说河水可深了，能没过头顶；有的动物又说河水很浅，才到脚脖子。小马很疑惑，最后它亲自过河，才终于知道了河水的深浅。我在小的时候对这篇课文不以为然，觉得这道理很幼稚，谁都明白。长大了才明白这条道理虽然简单，能真正照着做的人却不多。这就是很多人"懂得了很多道理，却依然过不好这一生"的原因。

修行领域博大精深，在不同的观点之上又存在着不同的意念维度，混合在一起就会出现各种看似矛盾的说辞，理解的难度大大高于普通的知识。大家之所以看不懂佛经等智慧典籍，是因为它们描述的内容和我们日常所理解的信息并不属于相同的维度。

松树不能理解桃树的世界，低维意识的人理解不了高维意识……所以如果想彻底地理解这个世界，你必须先上一年级，再上二年级……然后读到中学，再到大学。

目前这个领域并没有非常系统的教学规划，大家都是凭着感觉和经验分享知识。有的老师讲的是"一年级"的知识，有的老师讲的是"五年级"的知识，有的老师讲的是"中学"甚至"大学"的知识，还有的老师将不同层级的内容混在一起讲，或者只有理念没有具体的实践方式，那你作为一个"小学生"，怎么可能学得会呢？最后的结果，不是听不懂，就是知识混乱，要不然就是曲解了其中的含义，除非你天赋异禀。

所以我看了各种书，听了不同老师的课，思考各种看似"矛盾"的理念，用了几年时间才逐渐梳理出一条循序渐进的脉络。

生命蓝图
透视过去、改变现在、预演未来

·6.4 心灵成长的3个层级·

6.3 节所说的这条脉络是什么呢？

首先，做好基本的"人事"。不管面对什么境况，都泰然处之，把精力集中在自己能做的任何事情上，不设限。就好像王阳明被贬到异乡时，虽穷困潦倒、步入绝境，却依然积极乐观，甚至反过来照顾生病的仆人，还不求回报地传授当地人知识。这么有大爱的人，他的运气怎么可能不好呢？

如果你是一个对现有生活很不满意的人，整天抱怨不止，那么你也不可能凭借一项天赋改变命运，因为你连基本的考验都没通过呢。拿破仑说过，"不想当将军的士兵不是好士兵"，但这句话后面还有一句话——"当不好士兵的士兵绝对当不好将军"。连"人"都没做好，怎么可能做"高人"？这也是为什么我把天赋梦想这部分内容发给朋友们的时候，有的人能立刻找到自己的天赋并展开行动，有的人却没有任何动静，因为他们还停留在没完成的"人事"上，尚未处理好眼前的生活以及基本的人生课题。

其次，履行自己的"天命"。只有做好"人事"，逐渐剥离"人性"，也就是各种欲望、对外界的索取、无尽的成见，完成该完成的基础课题，变得乐观积极，你才有机会发现"天命"，也就是天赋才华。然后你要做好必要的规划并开始行动。

最后，放手"臣服"。到了这个阶段，你会发现即便不去刻意规划，也会有源源不断的机会和挑战涌向你。其实这并不奇怪，因为你这个曾经被堵满的漏斗现在已经被清理干净了，原先被堵在外面的机会自然就能够无限涌入了。这个时候你只要去接受就好了，不要抗拒任何改变，也不要害怕自己做不到，试着去做就好了。

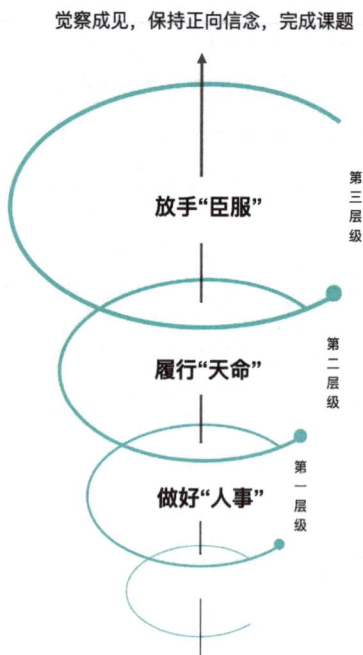

觉察成见，保持正向信念，完成课题

放手"臣服"   第三层级

履行"天命"   第二层级

做好"人事"   第一层级

生命蓝图
透视过去、改变现在、预演未来

根据上图，你可以看看自己目前正处在哪个层级，需要进一步完成什么。你也可以依据这个规律，判断身边的人或者各界知名人士处在哪个层级。这样以后在接触任何励志、哲学类的知识和文章时，你都可以判断其是否适用于自己。

比如，某本书一直强调要如何发奋努力、如何学习各种技巧，那么可以初步判断其处在第一个层级；如果某本书强调天赋、喜悦、正能量，那么基本可以判断其处在第二个层级；如果某本书强调"天力"而非人力，那么基本可以判断处在第三个层级。有了这样的参照，你就不那么容易走偏了。当然我说的仅供参考，并且很多图书可能处在不同层级之间，你还是要在实际学习的过程中去反思和实践。

无论处在哪一个层级，我们都需要不断地清理成见，这是一个长期的、持续的过程。即便达到了第三个层级，如果没有时时保持警惕，你的成见还是有可能再度影响你，让你瞬间被打回"原形"，因为"限制"本身就是人类自带的特性。

那么能不能彻底清空"限制"？也不行。前面我分析过，成见可以使我们的生活更安全、更方便，它对我们同样是有价值的。比如，小孩子就没有过多的成见，但是他们会到处乱跑、到处乱画，还可能摔坏东西，这同样是不可取的。所以我们说的"无限"并不是绝对的没有限制，而是要找到最佳的平衡点。

为了方便你理解，我画了一个表格（见下页图）。从表格中我们可以看到，在每一个层级中，成见都是存在的，只不过随着层级的提升，成见的比重越来越低，正向信念的比重越来越高。适度的成见其实可以帮助我们保持理智，避免因为过度乐观而变得冒进。但是，把握好这个"度"并不容易，这是一门艺术。

信念　层级	第一层级：做好"人事"	第二层级：履行"天命"	第三层级：放手"臣服"
成见	消极、抱怨、悲观、抗拒	认命，不做任何改变	面对越来越多的机会，担心无法承受
正向信念	乐观面对一切，把精力集中在自己能做的事情上	积极探索，发展天赋	接受一切未知的挑战，勇敢尝试

从字面上看，第一层级的做好"人事"和第三层级的放手"臣服"好像是相反的，但是如果你知道了它们背后的元素构成，你就会发现两者其实很相似，只是后者更加积极而已。这样你就不会因为字面上的含义而误解背后的实际意义了，这就叫"知其然更知其所以然"。当你不断地化解成见，你就完成了从量变到质变的过程。

利用这个表格，我们可以分析当前遇到的大多数问题。比如，我最近就遇到一个很棘手、看似"矛盾"的问题：面对困难，如何判断我们是在压抑自己，还是正在跳出舒适圈突破自我？

生命蓝图
透视过去、改变现在、预演未来

相信很多人都会遇到这样的困扰：面对你不喜欢的工作，你是应该坚持，还是应该立刻离开去寻找自己喜欢的事情？接下来我将以这个问题为例进行分析。

建议你先自己写出答案，再对照我下面的答案。

信念 \ 层级	第一层级：做好"人事"	第二层级：履行"天命"	第三层级：放手"臣服"
成见	消极抱怨，无奈坚持	想做自己喜欢的事情，但总抱怨没有时间和精力	机会越来越多，但是担心自己做不好，不知道是否要拒绝
正向信念	乐观面对，打破限制，把精力集中在自己能做的事情上	在尽力做好本职工作的前提下发展天赋	虽然机会和挑战超出目前的能力范围，但依然保持兴奋

我们可以先从第一层级开始，逐层深入，直到达到理想的状态。当你在生活中遇到问题，不知道该如何抉择时，都可以用这个方法写出答案。

·6.5 打破限制与平衡行动·

　　这三个层次虽然是递进关系，但并不是线性的，而是不断循环上升的过程。就好像骑自行车，一开始你要很努力地蹬车（也就是做好"人事"）；蹬着蹬着，你渐渐找到感觉后就不需要那么辛苦了（这类似于履行"天命"）；之后你甚至要时不时停下来，凭借惯性让车向前滑行（这类似于放手"臣服"），然后再用点力气蹬车（继续做好"人事"），周而复始。如果你一直拼命蹬车，很容易发生事故，最后反而更慢地到达目的地，或者根本到不了目的地；如果一直滑行也不行，车子会慢慢停下来。

　　当然，这说的还是理想情况，现实情况则复杂得多：假如遇到刮风，你就要比平时更加努力地蹬车；如果遇到雨雪天气，你可能无法出门或因为路滑不得不推车前进。但是不要因为偶尔出现的坏天气气馁，只要活在当下，处理好目前能做的事情并把它们转化为经验，一旦天气转好就可以更加轻快地上路。

　　掌握好这个节奏并不容易，我们很可能在该蹬车的时候滑行，该滑行的时候却在努力蹬车。因为我们一旦长时间处在某种状态中，成见就会帮助我们加固它，让我们很难摆脱它或有所改变。比如，你刚刚完成了一项艰巨的工作，你可能并不想休息，觉得很享受忙碌带给你的充实感，会很自然地想要保持这种忙碌的状态，认

生命蓝图
透视过去、改变现在、预演未来

为这样才能带来价值；如果你刚刚度过了一个美好的假期，再去上班也会感觉不适应，而这就是我们常说的"节后综合征"。

这也是我们会被反复困在同一个"局"里出不来，或者反复经历类似事件的原因。

所以，一方面，我们需要不断改变成见，并把握好其中的平衡；另一方面，我们还需要知道何时达到进入下一个层级的临界点，把握好行动的节奏。

要想把握好这种平衡的精确度和节奏的韵律感，我们最好能养成觉察信念和行动的习惯，以对抗成见"自动加固"的特性。最开始你可能"笨手笨脚"，但是只要经过适度练习，你就能够利用成见"自动加固"的特性养成时刻觉察的好习惯。就好像骑车，只要你学会了，不用经过思考也知道什么时候该蹬两下，什么时候该酷酷地滑行，一切尽在你的掌握中，这就是"熟练"的结果。

具体该如何练习以提升化解成见的熟练程度呢？爱健身的人一定知道，如果我们坚持运动，形成的肌肉可以帮助我们提高身体代谢率，消耗多余的能量，所以常运动的人不容易肥胖。同理，坚持做有针对性的训练可以帮助我们形成自动识别系统，提高觉察能力，帮助我们判断当前的信念对我们有利还是有害、当前的行动是否正确等。而这就是我在下一章要介绍的内容。

运用信念的神奇魔法

如何让奇迹自动发生？

1 信任自己 信任生命

2 始终审视自己 保持正念

3 不被环境左右 保持内心的平静 天人合一

巧合事件的重要意义

注意避免走火入魔

好巧 频次质量 意义程度

促进人类心灵的成长

不需要努力 顺其自然 ⊗

自然的力量 宇宙的智慧

知识＋实践 顺其自然 三层 规划执行 二层 一层

心灵成长的3个层次

打破限制 与平衡行动

放手"臣服"

履行"天命"

做好"人事"

养成觉察信念和行动的习惯 HOW 改变成见，把握平衡 知道时机，把握节奏

提升化解成见的熟练度

生命蓝图
透视过去、改变现在、预演未来

CHAPTER 07　每天10分钟改变一生

　　我在第3章里介绍过完成课题的方式，即从生活中找到自己典型的成见，再把它们反转成正向信念，然后记住这些正向信念。

　　我会把正向信念放在蓝图里，再把蓝图贴到明显的地方，每天都看几眼，用这种方式鼓励自己，给自己带来满满的正能量。但是光这样还不够，如果我们想要快速达到第三个层级并保持下去，就需要"加强版"的练习。因为我们的大脑每分每秒都在自动产生无数的成见，对于这些成见，如果我们不能做到实时监测，那就远远达不到想要的效果。

　　2005年，美国国家科学基金会（National Science Foundation, United States）发表的一篇文章显示，普通人每天会在脑海里闪过1.2万～6万个念头。其中80%的念头是消极的，95%的念头与前一天完全相同。

　　这样算的话，我们每天至少会产生9 600个消极念头，也就是9 600个成见，这个数字真是触目惊心。这个结论也解决了我一直以来的疑惑：为什么很多"天才""文化人""高知"反而容易悲观、消极、抑郁，而很多文化水平不高的人却能安于现状、乐享天年。因为学到的知识越多，想得就越多，自动产生的消极念头也就越多。

正是因为意识到了这一点，所以很多有识之士为了更好地发展、建设，并不鼓励大众有太多想法。比如，历史上战国时期的秦国能够后来居上，快速强大起来，靠的是"富国强兵"这4个字的战略，鼓励老百姓种地或参军。现在很多公司也采取了类似的战略，鼓励员工以执行、实干为主。我之前一直不明白，为什么这样的王朝、公司反而能够崛起？现在我终于找到了答案。

第一，无论是秦国还是这类公司，只要领导者不犯错，员工也认真执行任务，整个系统就不会出问题。并且这样还能减少不必要的内耗，让整个组织的运转效率大大提高。

第二，"人性"是懒惰的，大部分人其实都懒得思考，有想法的人并不多，所以这样做反而是"顺人性"，更容易被大部分员工接受。虽然少数有想法的人会很难受，但是他们可以去中小型公司或者自己创业来发挥才干。

第三，如前面所说，我们80%的念头是消极的，因此知道得越多，消极念头就越多，还不如踏踏实实干活。当然，如果爱学习、有想法的人懂得觉察、控制，可以把消极念头转变成正向念头，那他很快就能改变命运，成为不可多得的人才。

第四，先行动后思考。我在前面提到过，人们很难突破原有的思维模式，所以不妨先行动后思考，这样思想自然就在行动中

生命蓝图
透视过去、改变现在、预演未来

改变了。这就是很多优秀的公司擅长在行动方面要求员工的原因。

总之，思想要结合积极的信念和有效的行动才能真正改变命运。要做到这一点，我们在学习之余，务必通过良好的行为习惯清洗自己的"漏斗"，这样才能限制成见产生，吸收有益的知识，就好像每天坚持运动2小时的人能有效限制脂肪的产生一样。

当然，我们这个"加强版"练习并不需要你真的每天坚持2小时。事实上，哪怕你每天只能抽出10分钟进行练习，坚持一段时间后也会感觉到明显的变化。

·7.1 改变情绪的"挂机"练习·

"挂机"练习是我最近才发现的一个特别有效的管理情绪的方法。所谓"挂机"就是你在打游戏的时候，如果有急事抽不开身，就可以选择"挂机"状态，那么电脑就会自动帮你玩。我记得以前有好几次因为玩得太烂被人举报有挂机嫌疑，现在想想真是哭笑不得。

日常生活中，我们大部分时间都处于"挂机"状态。比如，当我们在超市排队结账时，会不自觉地感觉不耐烦；当我们被人指责时，会立刻感觉愤怒或不安，想要为自己辩解；当我们被夸赞时，又会立刻感到开心……这些情绪都是自动、自发的反应，高情商的人能够有意识地控制情绪，但大部分人都会被情绪控制而不自知。

其实这是我们不可缺少的生理反应，就好像我们生病或受伤时会感觉到疼痛一样，伤得越重就越痛。小时候我问妈妈："为什么我们会感觉到疼，如果没有痛感该多好啊？"我妈说："我有个朋友的儿子还真的没有痛觉神经，他永远都不会感觉到疼痛，可你知道那有多糟糕吗？他妈妈每个月都要带他去医院做一遍全身检查，因为不知道他到底有没有受伤，伤得严重不严重，每天都提心吊胆的。"

我恍然大悟：原来痛苦这么重要，它可以提醒我们关注伤病，这样我们才能快点疗愈它，而不是拖延下去导致更严重的后果。

情绪也是如此，它可以帮助我们意识到发生了什么，让我们去关注内心世界，快点疗愈它。

然而，情绪和疼痛也并不是完全必要的。比如，当你得了胃病，你已经去医院检查并且开始治疗了，但还是疼得死去活来，这个时候的疼痛就不是必要的，所以有的人会选择打止痛针。分娩也是，不管疼不疼，其实都是要生孩子的。古代没有很好的医疗条件，如果痛不欲生可能就意味着接近死亡或需要赶紧采取其他措施；但是现在医疗条件已经进步了很多，持续几小时甚至几天的疼痛就实在是没什么必要了，带来的只是折磨。还有失恋、失去亲人的痛苦都是如此，痛够了却无法摆脱的状态实在是一种煎熬。

麻药、止痛药、游戏"挂机"模式都是必要的，帮助我们在已经清醒意识到问题的前提下减少不必要的痛苦、节省精力，帮助我们更聪明、灵活地应对问题。

有没有感觉这些内容很熟悉？是的，情绪相当于"成见"的孩子，是由"成见"引发的，所以它们非常相似。一方面，我们很容易被它们困住；另一方面，如果能运用好，它们不仅可以帮助我们更好地生活，还能使我们保持警惕，提升意识程度，一举两得。

情绪的"挂机"练习是这样的：当我们处在愤怒、激动、烦闷等不良情绪中时，赶紧提醒自己"不要入戏太深"，然后想象从目前的身体中分离出另一个版本的自己，让原来的身体继续在那个"局"里执行"挂机"状态。此时，真正的你则早已把精力抽离出来，放眼"全局"，选择其他的"局"去玩了。这样是不是就聪明多了？

为什么说这是个戏呢？前面我已经用了很多篇幅讲解内在信念会导致的各种剧本，我们经历的种种局面、场景、问题等都是剧本，也是"局"。当我们改变了内在信念，这个剧本自然而然就变了，这个"局"也就被破解了。

给大家举几个我最近遇到的例子。前些天我因为工作中的一些琐事感到很烦，我自己也不知道为什么会有这么大的火。起因是我们需要优化一个方案并找业务方进行确认，但是业务方总是提出各种不同的意见，导致进度很缓慢。其实这是工作中很常见的问题，我却因此大发脾气并且失落焦躁，自己都觉得莫名其妙。

后来有一天早上起床后我突然意识到，如果从业务方的角度来看，他们的担心确实也有道理。我立刻找团队成员商量，并在现有基础上做改进。结果沟通后，业务方却要求用我们最初推荐的方案，这让我们非常吃惊。因为那个方案虽然体验比较好，但对业务的潜在影响较大，所以业务方当初坚决不同意。现在业务方的态度却来了个180度大转弯。不过不管怎样，这件事解决了就好。

没想到当我改变了信念，学会了理解他人，从他人的角度考虑问题后，境况一下子就改变了。

上周末我找一个朋友吃饭，她跟我分享了最近非常奇妙的一段经历。前不久她被公司辞退了，心高气傲的她哪能受得了这种委屈，立刻就要找个更好的工作证明自己的实力。但因为她本身要求就比较高，再加上市场不景气，所以她一直找不到合适的工作，四处碰壁。

那段时间她整个人都很消沉，变得毫无自信，但越是这样就越找不到工作。好不容易得到了一家知名外企的笔试机会，结果就在笔试那天，她突然生了场大病，爬都爬不起来。她跟这家公司的招聘负责人和周围的朋友说她生病了，但是谁也不相信，因为她身体向来很好。那场病让她错失了很多机会，后来她就死心了，去国外玩了一段时间。在那段时间里她想明白了未来的方向，她觉得自己不适合去大公司，而适合去灵活的、注重创意的地方，而且她想做海外市场，因为之前自己一直做这方面的工作并且感觉很好。工资方面，即便现在市场行情不好，她还是希望待遇比之前高20%左右。结果很快，她就收到了大约10家公司的面试邀约，而且各个都完全符合她的条件。

我问她是不是最近投了简历或者做了些什么，她说完全没有，她也不知道猎头和这些公司的招聘负责人是怎么看到她的简历的。后来她选择了一家最满意的公司，很快就入职了。

当然那个时候我还不懂什么是有意识的"挂机"练习，只是偶然发现慢慢平静下来可以让我们不被情绪绑架，让我们想清楚自己真正想要的并做出正确的选择。而"挂机"练习则可以让我们在短时间内迅速转念，脱离情绪漩涡，回到平稳状态并改变剧本。

比如，前几天我因为一些鸡毛蒜皮的小事和老公生闷气，然后越想越生气，恨不得把笔记本电脑砸到他的脸上。这个吓人的想法猛然警醒了我，让我立刻提醒自己"不要入戏太深"。紧接着我开始想象我已经脱离了原来的身体，生成了另一个版本的自己，而那个原地生气的"我"，就让它自行运作下去，继续生它的气，反正与我无关。过了一会我发现我的脑子里已经自动充满了其他的念头，刚才愤怒的情绪早就消失了。我忍不住给老公发了一条安慰他的信息，本来以为他会不依不饶继续跟我作对，没想到他就像什么事情没发生一样，跟我说起了别的。这种反转真是太让人意外了。

可能你会说这些都是巧合，但是最近生活中的例子告诉我，每当我们改变了信念，完成了一个一个小的课题，就很有可能逆转剧本、改变境遇。如果不信，你可以有意识地把自己和别人的相关经历像下面这样记录下来。

生命蓝图
透视过去、改变现在、预演未来

日期	事件	情绪	"挂机"练习结果	剧情反转
9.5	因为方案确定不下来感到焦躁	怒气冲冲，情绪低落	某天早上突然想到对方说得也有道理，并且主动从对方的角度出发考虑新方案	对方主动让步，要求用我们最初的方案
9.8	发现一直找不到工作的朋友居然找到了理想的工作	她当时情绪低落，担心再也找不到工作	放弃找工作去度假，想明白了自己未来的方向	收到10家符合要求的公司的面试邀约
9.10	因为鸡毛蒜皮的小事和老公生闷气	怒气冲冲	5分钟迅速转移情绪	和好如初

这是个非常有效的练习，并且屡试不爽，所以也推荐给大家。每当你陷入不良情绪的时候，就快速开始这个"挂机"练习，并且最好能养成做记录的习惯，这样可以有意识地提醒自己坚持练习，很快你就可以发现各种神奇的剧情反转。长期下去可以有效地加强你对生命的信任，让你变得更加积极乐观。

想象一下你就好像孙悟空一样有无数个分身，除了你的"真身"以外，其他分身都处在"挂机"状态中，在不同的局里持续运行着。你的真身就可以集中全部精力，处理好眼前最重要、最有价值的事情，避免无意义的自我攻击和内耗。长此以往，你的效能将远远高于别人，这就是时间管理的真谛。

可能你会觉得疑惑，这个"挂机"练习和"3.3 观察自己当下的情绪"中介绍的方法有什么区别呢？

区别在于，前者可以快速改变突如其来的情绪并实时改变剧情，后者适合定期找个时间观察这段时间的情绪，找出对应的成见和课题。相当于一个处理"急性病"，一个处理"慢性病"。当然也可以将两者结合起来，从"急性病"中找到自己潜藏的成见，也就是病因，以及"挂机"后的即时药效；从"慢性病"中分析自己积存已久的病情，以及阶段性治疗成果。双管齐下，加速痊愈！

生命蓝图
透视过去、改变现在、预演未来

·7.2 记录肯定自己的日记·

写成功日记是《小狗钱钱》里提到的一个我认为很不错的方法。在主人公吉娅的身上，我看到了很多自己过去的影子。

比如，这个小女孩总觉得自己太普通了，家里也没什么钱，觉得自己的梦想无比遥远。有一天她领养的小狗突然能说话了，教给了她很多理财的道理和方法，但这个小女孩总是持反对的态度，觉得这不可行，那也不可行。

然后这只小狗就对她说："你有没有发现，**你首先考虑的总是事情做不成的原因？**"

看到这里我真是感慨万分。第一，我们不会相信天上掉馅饼这件事，就算有什么好事突然发生，我们也会认为那只是巧合，从来不会感恩自己、感恩生命；第二，对于别人善意的劝告，尤其是那些可能改变我们生命轨迹的劝告，我们总是不假思索地排斥，认为这根本不可行，这样就能证明我们现在是对的了，总之就是不愿意打破限制、改变自己；第三，我也像这个小女孩一样总是喜欢否定自己，害怕被人质疑，害怕丢面子，不敢行动……总之这个小女孩就像我的镜子一样，她后来取得的成功以及她为此做出的改变，就好像是我的示范一样，告诉我应该怎样才能使我的生活发生改变。

后来，在小狗钱钱的建议下，小女孩开始写成功日记，这样就可以把精力聚焦在成功或可以做到的事情上。看了她的日记，我才发现原来成功不一定是功成名就，生活中每一个小小的欣赏、鼓励、决定、成就感都是成功。

比如她在日记中写道：

"金先生给我讲解的内容，我很快就明白了。

"我做了一个很好的决定：我要把自己全部收入的50%存起来。

"我有生以来第一次乘坐了劳斯莱斯汽车。

"金先生表扬了我。"

……

后来我就按照这个思路写下了我自己的成功日记。

日期	成功事件
7.1	在公众号发表了《千与千寻》观后感，我离心灵成长作家又近了一步
7.2	离职办得很顺利，恭喜自己告别过去
7.3	完成了12万字的增长专栏，太棒了
7.4	入职新公司，发现居然有班车，太意外了
7.5	发现新公司虽然离家很远但是不堵车，之前的担心完全没有必要
7.6	听了一节线上时间管理课程，太有收获了，马上用起来
……	……

生命蓝图
透视过去、改变现在、预演未来

就这样，我发现其实生活中每一天都有值得惊喜和开心的地方，每一天都有成功的事情。学会鼓励自己、肯定自己，我们自然会变得越来越好。我自己大概坚持了两个月左右就不再继续了，不是因为方法不好，也不是因为我懒得坚持，而是因为我发现我已经能随时欣赏生活中的美好了，不需要一天过完了再认真回顾，所以我每一天都感觉到很幸福、很满足。

用这个方法可以很好地提升我们的自信。自信有多重要呢？我们只有拥有自信才能发挥天赋才华，才能快乐地赚到钱，才能成功。没有自信，就什么都没有。

给大家举个例子，我最近想把之前写完的专栏内容编辑成新书出版，但是还需要补充一些内容，我就找了一个朋友，想让她帮我补充她比较擅长的数据分析部分。朋友一开始特别兴奋，但是每次都是在即将要写的时候就开始拖延。后来我就问她这是什么情况，她说她觉得在这方面她不专业，害怕写错了误导别人，觉得我还是在原有的部分添加一些案例比较好。

然后我又想起来，前几天有个朋友托我帮忙推荐工作，我向她要简历，她磨磨叽叽，拖延了好久说自己还在改，然后还说觉得自己简历不够好，不好意思拿出去见人。

"害怕自己不够好"的恐惧，正在破坏无数人的生活，阻碍我们朝自己的梦想迈进。克服了丢面子的恐惧，世界就会向你敞开大门！这是我从《小狗钱钱》里学到的，也是我自己的亲身经历告诉我的。

如果我害怕自己不够好，我就不敢跨专业报考北大；如果我害怕找不到工作，我就不敢投大公司的职位，不敢一而再再而三地投简历直到我找到理想工作为止；如果我害怕写得不对误导别人，害怕被人骂、被人攻击，我就永远不可能在刚工作3年的时候写专业书，并冒着被拒绝的风险找我的老板帮我写推荐；如果我害怕失败，我就不敢跨领域写出这样一本和我的专业相差甚远的新书。

被人批评是不可避免的，除非你的书根本没人看。但是如果你可以用有限的知识帮助更多人，又何必同那些讨厌你、嫉妒你的人计较？没有人可以保证自己的所有观点都是完美的，我们也无须强迫自己承担所有责任，因为每个人本来就应该对自己负责，指望别人对自己负责就是对自己最大的不负责任。

生而为人，注定有缺憾，但这不是我们逃避挑战的理由！

生命蓝图
透视过去、改变现在、预演未来

·7.3 主动做没做过的事情·

　　我自己平时很喜欢看书，是那种比较喜欢安静的人。我看过文学、心理学、社会学、量子力学、哲学等各种类型的书。一路看到玄学，后来又上了几位老师的心理课，我还有朋友在研习佛法，与他们交流下来，发现这些观点都主"静"不主"动"。比如，修行课会教你怎么打坐静心，甚至主张一坐就坐好几个小时。我自己尝试过，但是根本坐不住，而且总觉得哪里不对劲，反正内心总是很排斥。

　　学了一段时间后，我发现自己遇到了瓶颈。道理明白了很多，但生活还是一如既往，并且越来越迷茫，越来越找不到方向，根本不知道该去做什么。我想这是很多人都会面临的问题：随着年龄渐长，懂得的道理越来越多，就越来越排斥俗世，越来越不接地气；但其实人在俗世中又没有过好，最后变成了一个高不成低不就的俗人。你有没有发现，越是有文化、对自己要求高的人，反而越难开心。这是因为他们没有把意识和行动、创造结合起来，所以才会让自己的生活"失衡"，自然就开心不起来了。

　　我身边的很多朋友每天都很抗拒上班，完全提不起兴致，连出去旅游都开心不起来。还有个朋友说她被查出患有轻度抑郁症，说病情可严重了。

我一面跟朋友打趣说她的病没那么严重，一面又深深地为她感到难过，其实这种处境每个人都或多或少地经历过：觉得现在的生活很没意思，很不开心，没有价值感，又不知道自己能做什么。

改变想法很困难，但改变行动要容易很多，在改变行动的过程中想法也会跟着改变。所以这个时候不妨**主动挑战自己，做自己没做过的事情**。我在情绪最低落的时候，做了各种以前没做过的事情，比如学古筝、打游戏、主动约朋友见面、参加线下活动、报名没上过的课程等。

后来我参加了为期2天的线下调频课程，终于找到了感觉。在课程的最后一部分，现场撤掉了所有桌椅，讲师让大家跟随音乐摆动，走出去、拥抱身边的人，最后现场就变成了一个狂欢的舞厅。大家在里面蹦啊跳啊，我真的完全看不出来这位讲师已经快50岁了，她在里面就像个20多岁的小姑娘一样活力四射，带着大家不停地跳。

从那个课程回来，我突然就有了写这本书的决心。其实这个愿望在我心里已经有3年多了，但我只是把它当成愿望，从来不敢奢望实现，因为我觉得自己还不够好，还不够资格，一定要等未来能力够了再去考虑。但实际上，那个未来永远都不会到来，除非我抓住现在。

每当学员跟讲师说我现在要努力做A，这样以后才能到达B

生命蓝图
透视过去、改变现在、预演未来

时，她就会说："你为何要绕这么大一个弯子，为什么不直接做B？"

我们一直不行动，不是因为我们不知道自己要做什么，而是内在的不自信导致我们错误地把它当作未来而不是现在的事情。如果打破这层限制，我们就可以从现在开始着手实现所有未来的梦想。

另外，最后的狂欢让我突然找到了行动的感觉。我想起来之前的老师也经常说要行动，但是我听完毫无感觉。现在我才明白，行动是一种力量、一种感受、一种能量，你只有真正让自己动起来，才能体会得到。它绝不同于日常的普通行动，它会让你感觉全身有用不完的力气，非常兴奋地想要立刻做自己喜欢的事情并且不想停下来。

如果每天只是静坐冥想，你是永远不会找到这种火热的感觉的。当然我不是否定静坐冥想，而是鼓励保持"平衡"，既要安静地反思自己，又要理解消化，最后还要全身心地投入到行动中去创造，这才是一个完整的循环。

要想每天保持行动、创造的状态，你就要有动起来的习惯。你们看，经常运动的人总是活力满满、精力充沛，而久坐不动的人看起来既无活力又没有精神。趁着还年轻，就不要提前进入老年式的修身养性的生活，也不要沉迷于游戏、电视剧等，要动起来，让自己更活力、自信一点。另外，多做喜欢的事情也会让人保持兴奋，让人维持最佳的状态。

总之，在迷茫时不妨尝试各种事情，并且要动静结合。我们可以先从自己喜欢的运动开始，比如瑜伽、跑步、游泳、跳绳、骑车郊游、长途旅行等；不方便运动的话就利用空闲时间活动活动身体、爬爬楼梯；还可以把更多时间留给喜欢的事情，比如绘画、摄影、手工、演奏、写作等；另外，还要多参与活动、多社交、多分享。

总之，一定要让自己处在"行动"和"创造"中。在生活中，要做到让思考和行动保持平衡，二者缺一不可。

生命蓝图
透视过去、改变现在、预演未来

·7.4 每天扔掉5样旧东西·

"断舍离"的概念你一定听过。我第一次接触这个词是在一篇文章中，里面描述了目前在日本非常流行的家居整理方法：处理掉大量不需要却一直舍不得扔的东西，最后房间空旷了，反而让人身心都放松下来，因为人不会再受物质左右，可以静下心来感受自己的内心，从而提高了生活品质。

"断"就是不购买不需要的东西，"舍"就是舍弃多余、没用的东西，"离"就是放下对物质的执念。与其说"断舍离"是家居整理方式，不如说是一种人生态度或生活方式。

如果我们舍不得扔掉任何不再有用的东西，那我们就舍不得放弃任何头脑里不需要的杂念，包括各种陈旧的成见。因为它们陪伴我们已经太久了，就算知道没用了也舍不得放弃，毕竟有感情了。

所以扔掉不需要的东西是一种很好的练习方法，如果你怕浪费，可以把它们送人或捐赠出去，不想麻烦的话也可以把它们打包放在垃圾桶旁边，自然会有人捡走。你越是敢扔东西，越是敢抛弃已有的信念，就越能打破对自己的限制。

冥想也是类似的，它是通过让自己安静下来清空头脑中的杂念。但如果家里乱糟糟的，你如何能保持头脑清净？

我之前学习过一套时间管理的线上课程，老师建议我们让办公桌保持干净、整洁，说这也是时间管理的一项重要内容。因为桌面越干净、越有条理，越能给你一种暗示：一切都在掌控中。反之，如果你的办公桌乱糟糟的，那就会给你的大脑造成一种无序的暗示，会让你的思绪受到干扰，效率自然就低了。

我之前还看过一个视频，具体讲的什么已经想不起来了，但是里面有两个案例让我印象特别深刻。一个案例是说当时有个城市的犯罪率特别高，新上任的市长首先做的事情居然是清理地铁车厢的涂鸦，并且持续清理，保证地铁车厢干净、整洁。结果后来，那个城市的犯罪率大幅下降。另外一个案例发生在一家孤儿院。孤儿院里一片混乱，原来的院长实在无法解决就离开了。新上任的院长先是买了一台洗衣机，保证每个孤儿每天都能穿干净的衣服。然后她带人用了好几天时间把厕所打扫干净，让里面不再臭味弥漫。就是这么两件事，让整个孤儿院焕然一新，孩子们也比以前听话多了。可见，环境对人心理的影响是多么重大。

然而，即便我早已明白了这些道理，家里依然乱糟糟的，摆满了各种东西。直到有一次我参加了一位老师的课程，她说定期清理物品，保持环境整洁可以让你有更好的精神状态，从而能够愉悦地创造更多财富。然后我立刻就扔掉了家里一堆没用的东西，并且给自己制订了规则：如果一件物品超过一年没有使用，那就扔掉；最好可以一天扔5件东西，包括倒垃圾。就像我前面讲的，如果要做的事情不能量化，那真的很难完成。当然也不要给自己布置太难的任务，不然一样很难坚持。我认为一天扔5件东西还是可以做到的，随便倒个垃圾，两天的指标就完成了。

后来，我更是把身边所有能换的东西都换成了新的，比如手机壳、手链、耳机、毛巾、衣服……以前我总是舍不得买新东西，而现在我能感觉到，当你用全新的物品时，那种状态是不一样的。比如，当你穿新衣时，你自然就有一种崭新、美好的感觉；而当你穿一件旧的、褪色的衣服时，你会感觉自己也是"旧"的，这一天得过且过就可以了。

当然，我并不是说要乱花钱让自己每天穿新衣服，而是不要执着于"勤俭节约"。适当地讨好自己，感受物品的能量，可能会让你有更好的状态。但如果你过于依赖物质，那么反而会走向另一个极端，这就没必要了，因为"你才是最贵的"。

"理念+行动"，才能让我真的保持"断舍离"的状态。屋子整洁了，办公桌干净了，整个人的思绪都会更加清明，工作起来也更有效率和行动力。通过"扔"和"换"，让旧的能量离开、新的能量进来，如此循环不息，整个人的状态自然就会越来越好。

·7.5 每天都要认识新朋友·

我有个老师说她参加过一个三亚高端旅行团，她们住在当地最好的酒店，酒店里的自助早餐非常丰盛，但是她发现大家每天选择的食物都差不多。

这像极了这个大千世界，明明里面应有尽有，然而我们每个人每天的生活、见的人、做的事总是差不多。我们会刻意选择自己熟悉的事物，不愿意承担未知的风险。

然而生命的意义就在于，在自信、天赋和创造的循环中找到真正的自己。真正的自己并不是固定不变的，而是动态变化的。这正是人生的魅力所在。

你10岁时对自己的理解，和20岁时对自己的理解是不是截然不同？你到底能活成什么样子，答案永远是不确定的。但如果我们每天都毫无变化，十年如一日地活着，那答案就是确定的。就好像你看一部电影，里面没有任何剧情转折，主人公永远都在按同样的模式生活，那我们又何必浪费时间继续观影呢？所以生命的意义，其实就是改变。

即便你不刻意做出任何改变，环境也一定会逼迫你改变。比如你的工作环境、你身边的亲人朋友、你的身体状况等，没有什

生命蓝图
透视过去、改变现在、预演未来

么能永远不发生变化。与其被动地等待环境变化，不如自己主动改变，反转剧情。

除了我前面讲的方法，我们在日常生活中还需要有意识地提醒自己，每天尽量做出不一样的选择，尽量接触新朋友。我说的"新朋友"不一定是人，也可能是一本新的书，一条新的路，一种新的食物，一次新的行动……总之，我们要有意识地让新的一天和过去的一天有所不同。

比如最简单的，我们可以通过阅读和旅游拓宽自己的视野。像我在一线城市的互联网公司待久了，就会觉得忙碌是一种很正常的状态，但是出去转转就会发现，原来还有很多地方的人过着慢节奏的生活。这时我就会意识到，原来我是可以选择不同的生活状态的，并不是只能像现在这样。

可以给自己制订一个计划，比如一年读多少本书、旅游几次、在学习上花多少钱等。我身边的很多人会固定拿出年收入的一部分来投资自己，我个人认为10%～30%的比例是比较合适的。你可以用这些钱去美容、买书、旅游、社交、报名课程等，也可以尽情消费。毕竟懂得享受也是人生的重要意义之一。

10年前的我是完全不看书的，我有个朋友对我的评价是我像一杯白开水。受刺激的我决定开始阅读，虽然一开始阅读量并不大，但是几年后，整个人就开始脱胎换骨了。很多朋友都说我和大部分人不一样，很有思想。我总是能得到很好的工作机会，还出版了受欢迎的专业图书。不夸张地说，读书真的改变了我的人生。

如果你实在不喜欢读书也没关系，在旅行、社交中也可以学到很多东西。不是我们攒够了钱才可以享受，而是当你决定享受并开始采取行动的那一刻，你就可以享受了。

除此之外，我们可以多去看看明星、文化名人、草根红人、知名博主等人的生活，虽然里面可能会有夸张或包装的成分，但他们有机会接触普通人接触不到的东西，可以为我们带来很多高质量的内容。

有一种很讨巧的方法，就是去找和你背景或特质比较相似的优秀的人，从他们的人生轨迹和生活方式中找到可以借鉴的地方，这样你就能站在巨人的肩膀上看得更远，省去不必要的误打误撞。

我最近就找到了两个优质榜样，一位是台湾作家李欣频，她写第一本书时的年龄和我写第一本书时的年龄差不多，而且都是专业领域的书。后来她慢慢发展到心灵成长领域，做得很成功。我们的生日只差一天，兴趣爱好、性格和思路极其相似，但是她比我年长很多，所以她走过的路刚好可以作为我的参考。她的很多课程和创意思路也确实给了我很大的启发。第二位是《副业赚钱》的作者张丹茹，她同样是做互联网出身，年龄和我差不多，写过两本畅销书，并且也是孩子的妈妈，这些经历我们都很相似。不同的是她非常擅长营销，据说有上百万人听过她的课，而

生命蓝图
透视过去、改变现在、预演未来

营销是我的弱项，所以即便我还没看过她的书、听过她的课，也知道她的成长过程会对我非常有帮助。她的个人标签，比如公司创始人、公众号创始人、研习社创始人、畅销书作者、百万导师等，也成为我未来可以参考的发展方向。

需要注意的是，你要找到适合你的榜样而不是大众榜样，你的榜样最好在某些方面和你非常相似，并且能做出目前的你很羡慕的成绩或可以补齐你的短板。对于榜样，不要盲从，仅仅把他们当作参考，通过他们找到你的方向并且向他们学习，但同时也要相信未来你可以结合榜样的长处，找到自己独一无二的专属创意路线，拥有更加精彩的人生。

这样的"榜样"不需要很多，根据你当前的节奏和需求，有一两个就够了，但是你要花很多时间去找。比如，当我决定了要往心灵成长方面发展时，我就会关注这方面的老师；当我想要推广这方面的内容和课程时，我就会关注营销方面的老师。关注得多了，自然就会遇到和我背景相似或特质相似的优秀的人，并把他们当作我当前阶段的"榜样"，补足我的弱项。

此外，我非常建议大家去交几个知心的朋友，从朋友的眼里看到自己的成见。所谓"旁观者清"，朋友更容易从客观的角度出发帮你发现问题。倒不是说一定要让朋友发表意见，而是在聊天的过程中，你在述说自己的故事时，俨然已经成了自己的旁观者，可以看到整件事情的来龙去脉，从而更容易了解自己。

比如说，我有个朋友最近失业了，她说："领导太没人情味了，周一通知，周五就让走人，难道自己预先不知道公司账上快没钱了吗？"我说："我怎么记得你上一次离职的时候也遇到了类似的情况啊，你说领导挽留你的时候没有诚意。为什么你总是遇到类似的情况呢？是不是你在离开时太过在意别人的态度了，你害怕别人认为你不够重要。"

朋友想了想说："我心里不舒服是因为没有得到期望的别人对待我的方式。"我说："对，这就是你的成见。你认为别人'应该'如何如何对待你，一旦不符合你的预期，你就会失望。"

就是在这样简单的对话中，朋友立刻找到了问题所在，她说这是她当天最大的收获。

如何认识更多朋友呢？坐着不动当然不行啦，一定要多走出去，多去"麻烦"别人。对，就是"麻烦"，人脉是互相"麻烦"出来的。很多人特别害怕麻烦别人，什么都自己去做，最后的结果就是没什么朋友，因为你根本不需要朋友。

如果你觉得自己朋友不够多或者找不到伴侣，请先反思一下你自己。如果你根本不想与任何人有瓜葛，觉得自己可以搞定一切，那你的剧本就是"孤胆英雄"。

很多时候，你以为是在"麻烦"别人，其实是在帮助别人。比如，我有个朋友想给我投简历，但又特别不好意思，觉得是在麻烦我。我非常吃惊地说："你怎么对自己这么不自信呢？你这明明是在帮助我好不好？我也需要招人啊。"

就算真的"麻烦"了别人，或者说可能确实没有给别人带来什么利益，那大不了就是被拒绝呗，自己又不会掉块肉，赶紧寻找下一个机会就好了，完全不必因此感到伤自尊。想想马云年轻时被人拒绝了多少次，难道被拒绝就代表不优秀吗？

在日常生活中，我们应尽量保持正常的社交，至少每周都要和不同的人深聊，最好每周都可以认识新朋友。我们可以多参加一些线上、线下的活动，多参与群里的互动，多出去接触不同的东西。见多识广了，可聊的话题多了，自然就会有朋友。

·7.6 周期性调整生活节奏·

　　我在写这本书的时候，一直想着等写完了一定好好休息一下，因为写书太辛苦了。但是当我真的快要完成这本书的初稿时，我反而陷入了焦虑的状态，一直在想接下来该怎么办，怎么做我最不擅长的运营和宣传，怎么把内容浓缩成简短的PPT，好去其他的公司宣传，等等。这个过程很不顺利，我总是不知道下一步该怎么办，一直处在卡壳的状态中，完全找不到写书时的畅快感。

　　刚好这个时候赶上了一个长假，而我数月前就在网上预订了去埃及旅行的机票和酒店，这让我不得不先停下来，准备旅游。即使这样，我还是带上了笔记本电脑和正在阅读的几本书，完全没有让自己停下来的打算。不得不说，"惯性"实在是太可怕了。

　　但是事情并没有完全按照我预想的进行，我没有忙里偷闲地赶PPT，也没有看书，而是完全被埃及的文化、美景、能量所震撼。当我站在几乎空无一人的古文化遗址中，看到被遗忘的奇迹，我觉得此刻的我和周围的黄土、沙石没有任何区别，我就这么静静地和它们同在。那一刻，我忘记了竞争、忘记了焦虑，甚至忘记了自己是个人，我不在任何"局"中，也没有产生任何剧情，我和周围的环境完全融为一体，这才是真正的我。

当我没有任何压力的时候，我反而接收到了很多新的灵感，并把它们补充到这本书里。我甚至还看到了下一本书的雏形，尽管还很模糊，但是也为我指出了未来新的方向和可能，这不就是预知未来吗？在这种完全放松的状态中，我不需要任何规划就知道自己该做什么，并且能进行最高效、最有创意的产出，远超我焦虑、担忧的时候。

但我知道，一旦我结束假期回到工作场所，我又会变得紧张焦虑，又会逼着自己马不停蹄地忙碌起来。毕竟身处繁华都市，我们很难让自己完全处于放松的状态中。对照我前面说的3个层级，这种状态很明显属于第一个层级，在这个层级里，我们会比较受限从而难以发挥创意，但也可以尽力做好眼前的事情提升执行力。

就我自己而言，我目前基本稳定在第二层级，即发挥天赋，但也会时不时地在第一和第三层级中来回穿梭。这是很正常的现象，就好像我们的情绪一般会保持稳定，但是偶尔会因为和同事怄气或者和伴侣吵架退回到很幼稚的状态，也可能在某个瞬间突然变得非常有爱心、有同理心。生而为人，我们的一切，比如情绪、心跳、呼吸等都会有正常的波动，完全静止不变就表示已经死亡。

但是我们什么时候会跳到第一层级，什么时候会跳到第三层级呢？这同样需要我们时刻保持警惕。

PART 03
在无限中实现奇迹

在面对日常琐碎、重复的工作任务时，如果我保持第三层级——放手"臣服"的状态，那我自己会感觉创意比较受限，我的领导和同事也会不解，因为他们不知道我在干什么，这样的员工在互联网公司里可不受欢迎。很明显，这个时候应该快速切换到第一层级——做好"人事"，即先尽力把眼前的事情处理好再说。

在面对具有挑战性、创新性且棘手的工作任务时，如果我还停留在第一层级，那就会费力不讨好，只能保持量变却无法带来质变，无论多么辛苦也得不到有价值的产出。很多人的事业遭遇瓶颈，就是因为卡在了第一层级上不去。而这个时候我会快速切换到第三层级——放手"臣服"，尽可能让自己保持轻松，让灵感源源不断地涌出，这样我就可以在最短的时间内想到最新奇有效的点子，然后再和团队合力，将这个点子快速落实下去，这就又需要切换回第一层级。

在你还没有掌握好切换的节奏时，你可以周期性地更替生活方式，尽量保持身心平衡即可。比如，你刚刚完成了一项里程碑式的任务，那就可以给自己放个假，好好休息一下；如果你一直处于紧张、焦虑的状态，那不妨放松一下，缓解紧张的情绪；如果你一直处于休息、娱乐中，那不妨做点事情让自己适度紧张起来。总之，我们可以通过阶段性、周期性地更替生活方式，保持消费和创造的平衡，让自己像变色龙一样从容不迫地适应环境，并持续带来高质量的产出。

生命蓝图
透视过去、改变现在、预演未来

·7.7 通过冥想来放松自己·

练过瑜伽的朋友对冥想一定不会陌生，它可以帮助我们放空大脑、回归内在、远离焦虑。长期坚持冥想，可以有效地训练我们觉察自我的能力，避免无意识地被"程序"掌控。

我曾经参加过冥想的课程，也从一位老师那里学习了不少冥想的方法。这个过程对我来说还是挺痛苦的，因为我是一个非常喜欢思考的人，并且一直引以为豪，如果让我完全放空，什么都不想，那真是太有挑战性了。

我第一次试着冥想的时候，瞬间就睡着了。后来不是管不住自己的思想，就是很快睡着。我当时并不理解为什么要做这种练习，直到我听到老师做了这样一个比喻，才逐渐开窍：漫无边际的思绪（无意识的思想）以及自动延伸出的各种负面信念，就好像小狗一样到处乱蹦，而你要学会训练它，让它不要乱跑，乖乖坐下。

还有一位老师，她主张在冥想时想象自己是一朵花或者一棵树，也可以是水或火。

我自己做这个练习时，会感觉比什么都不想要更容易一些，并且很容易感觉到内心平和、愉悦。因为当你是朵花时，你就不会刻意与人比较，你不会焦虑自己的明天，也不会觉得自己不够好。花没有那么多的杂念，它只会无比自信地迎风绽放，就算枯萎了也不担心，因为明年还会继续绽放。所以当你想象自己是朵花时，自然就不会有什么烦恼了，那么能量当然就提升了。这个练习我坚持了一段时间，从最初的三五分钟坚持到最多20分钟，但是后来还是不再练习了，因为确实难以坚持下去。

还有一种常见的方法是关注自己的呼吸，这样也不容易走神，并且可以把精力聚焦在自己身上。这种方法对我来说也比较困难，因为还是会觉得很无聊，难以坚持下去。

后来我又发现了一种更简单的方法，就是《零极限》一书里介绍的4句话：对不起，请原谅，谢谢你，我爱你。只要在心里重复默念这4句非常正向的高能量的话，就可以清理无用的成见，提升能量。

这是来自夏威夷的古老疗愈心法，它提倡释放内心有害的能量，让个体通过感恩与爱，将耗费于记忆中的能量转化为接收灵感的能量，通过恢复个体内在的平衡来恢复宇宙万物的平衡。作者维泰利在介绍这种方法的同时，加入了许多真实案例，生动解读了这种疗法在生活中的应用与独特疗效。

我个人非常喜欢夏威夷这个地方，它和我去过的任何地方都不一样，没有太多人为的痕迹，只有大自然的能量。到了那里我瞬间忘却了任何烦恼，离开后却又自动还原。让我印象最深的是，当地

生命蓝图
透视过去、改变现在、预演未来

人完全不想发展任何经济，不想开采宝藏般的资源，也不想发展旅游业，因为这些都会影响到当地的自然环境。对他们来说环境才是最宝贵的，而不是钱。他们觉得每天懒洋洋地晒晒太阳就是最好的生活。如果要问我天堂在哪里，我觉得就在夏威夷。

有一本我很喜欢的书，叫《告别娑婆》，作者葛瑞·雷纳最喜欢的地方就是夏威夷，他希望有一天可以去那里居住，并最终梦想成真。

我自己试过多种冥想及自我暗示的方法。我有空就会在心里默念"对不起，请原谅，谢谢你，我爱你"，尤其是最后两句"谢谢你，我爱你"。因为我们没什么可对不起的，顶多对不起自己。我也会经常默念我自己的课题，用正向的信念替代原先的负向信念。

我后来又发展出一些自创的方法，比如想象自己是一个干净的漏斗，机会正在从四面八方涌入。这个时候我需要用极大的勇气克服恐惧和焦虑，迎接各种机会，打破任何阻碍和限制。一旦我还有一点点恐惧、犹豫、不自信，内在的成见就会像伞一样自动撑开"保护"我，挡住一切外在的机会和考验，让我停留在原地不动。而我要做的就是用爱和行动安抚并合上这把保护伞，把它变成我前进的武器。

后来，我发现对我来说，最好的"冥想"方式其实是写作，因为在写作时，我可以忘记一切，全身心地投入其中，也就达到了和冥想同样的效果。也就是说，最好的清理负面信念的方式，就是运用你的天赋。

你也可以在实践中不断发挥创意，"发明"各种有趣的方法。适合自己的方法就是最好的方法！

每天10分钟 改变一生

不要入戏太深

情绪断挂机练习

写成功日记

提升信心

做自己没做过的事

新体验

行动 GO 行动

学习思考 行动创造

断舍离

每天扔掉5样东西

每天都要认识新朋友

人脉是麻烦做来的

休息 娱乐 消费 / 工作 学习 创造

周期性调整生活节奏

冥想放松

对不起,清原谅 谢谢你,我爱你

后记　先作茧自缚，再破茧重生

终于来到了本书的结尾，我想再帮你简单总结一下这本书的内容。

人生其实就是一张看不见的考卷，我们想过更好的人生，就需要了解这场考试的意义（使命）、规则、考点（课题）、通关技巧（自信、天赋、创造）等。

如果不去有意识地学习，只是盲目又被动地做题，那成绩一定会不理想。但很遗憾，大部分人都是这样的。

怎样学习呢？首先，了解典型的常见题型（典型剧情及对应的成见），然后实际演练（从自己的剧情和情绪中找出成见），保证基础题不丢分；其次，学习高阶技巧，从过去、现在、未来、自己、朋友等多种角度挖掘天赋梦想，并将其自由组合，保证开放性问题有加分；最后，把梦想化为现实，通过人生导航地图规划具体行为，一步一步实施，保证"毕业答辩"有结果。

当然了，从学校毕业只是人生的起点，"学霸"是不会停止学习的，他们会每天坚持利用碎片时间不断分析情绪，肯定自己，放弃不要的物品和陈旧的思想，主动尝试改变和行动，接触新鲜事物……长期下去，他们将活得越来越通透，越来越不受限

生命蓝图
透视过去、改变现在、预演未来

制，自然也就能得到越来越多的机会并无惧这些机会和挑战，最终活出精彩的人生。

不管我讲的是什么，你都不要因为我讲的内容而受到限制。**觉察各种成见，考虑它是否对你有帮助。如果是没用的就放弃它，如果是有用的就好好利用它。在世俗生活和理想生活之间找到最佳平衡点，形成自己独特的韵律。**

听起来这似乎和我们通常理解的"学习"是有冲突的，因为学习需要记住具体的观念和知识，它们本身就是另一种形式的限制。而这里强调的学习方式是：**掌握知识，再通过反思和创造打破其中不必要的限制，形成自己真正的智慧。如同破茧成蝶，毛毛虫先结茧把自己裹在里面，然后再痛苦地穿破那层厚茧，蜕变成能够自由飞翔的美丽蝴蝶。如果没有那层茧或者中途有外力帮助它破茧，毛毛虫就无法获得飞翔的自由。这其实就是我们人生的缩影。**

如果你没明白这点，那么你学到的、经历的一切都是限制，它们反而让你裹足不前、作茧自缚，永远都觉得自己不够好。但只要你现在积极突破限制，你就能够破茧重生。要想突破限制，就不要执着于过去，不要对现在犹豫，不要对未来过分期待或害怕，不要过分在意别人对自己的看法……因为这些通通都是限制。

需要注意的是，我说的"打破"限制，并不等同于"反抗"限制，这两者之间存在天壤之别。"打破"是主动的，"反抗"

后记　先作茧自缚，再破茧重生

是被动的。如果毛毛虫破茧的时候想的是"我要穿破它",就会把精力聚焦在这件事上,那么它很容易就能取得成功;但如果毛毛虫在破茧的时候抱着抗拒的心态,觉得这个茧真是太厚、太困难、太讨厌了,那么它就会将精力耗费在这些纠缠上,即使最后能成功也会徒增不必要的辛苦。

正如我反复强调的:一切都是中立的,就看你的信念为何,是自信、无限的,还是像多数人那样是不自信并充满限制的。你需要时刻注意反转"初始设定",如此才能成为最后的赢家。人生的成长就是最终学会"逆人性、顺天道"。天道和人性刚好相反,人性是自私、贪婪、嫉妒、猜疑,而天道是无私、利他、平衡、成全。当你拥有了如天道般正向的信念和状态时,你就拥有了远胜于人力的灵感、直觉、天赋与力量。

送给大家乔布斯的一段非常经典的话:

"追随我的好奇与直觉,大部分我所投入的事务,后来看来都变成了无比珍贵的经历……你得信任某个东西,直觉也好,命运也好,生命也好,或者'业力'……你不能预先把点点滴滴串在一起,唯有未来回顾时,你才会明白那些点点滴滴是如何串在一起的……你们的时间有限,不要浪费时间活在别人的生活里,不要让别人的意见,淹没了你内在的心声。最重要的,拥有追随自己内心与直觉的勇气。你的内心与直觉,多少已经知道你真正想要成为什么样的人,任何其他事物都是次要的。"

生命蓝图

透视过去、改变现在、预演未来

　　2012年，我有幸参加公司组织的美国之行，在旧金山远远"观望"了一栋很独特的房子，据导游说那是乔布斯的家。房子并不奢华，看起来很朴素、很孤单，也很超脱。让我印象最深的是，在周围庭院的草地上有一朵淡粉色的花，孤零零地绽放着，在其他绿色植物中格外地显眼。我想那一定是乔布斯以另一种形式静静地守护着他的家人，并始终做着独一无二的自己。

致谢

首先感谢我的灵感，在这条路上畅通无阻地给予我指引，让我在短短一个多月的时间内在工作之余完成了此书，充分见证了运用灵感所产生的神奇效果。

这本书的写作过程让我全然地体会放手：不让"自我"参与，感应到什么信息就写什么信息；而一旦我试图运用头脑，灵感和创意就会被卡住，无法自由流动，我只能作罢。一旦我有不明白的地方，就先提出问题，然后答案会自动出现在我的脑海中，我再书写下来。你们看到文章中有很多问句，其实那并不是在和读者互动，而是因为我实在想不明白，所以提出问题，然后再放空自己以获取脑海中的答案。

有很多次，我都被答案中蕴含的智慧深深折服。我曾经想过，即便这本书销量不好或者没人看，我依然是最幸运的人，因为写这本书让我知道了很多以前不知道的信息，还率先看到了自己的生命蓝图。我太想亲眼看看生命蓝图长什么样子，想知道自己的过去、现在、未来，正是这股动力支撑着我废寝忘食地写完此书。所以，写这本书的初衷是写给我自己，顺便也帮助他人。

在这个过程中，我很像一台人肉打字机，作为管道连接更高的智慧并将其如实呈现出来。但这种写作方式着实辛苦，高维度的意识令低维度的我难以招架，虽然文思泉涌，但我每天只能持续很有限的时间便无法再继续下去，只好第二天再战。而第二天会写些什么，我完全不知道。当然这对我也是好的，不至于使我正常的工作、生活受影响。

然而更辛苦的是在写作本书的后半段和二次校稿时，我开始逐渐引入自己的意识，加入我的经验总结以及一些实用的方法，并把原始内容有逻辑、有条理地组织起来，形成体系和骨架，而不是让它杂乱无章地呈现。在这个过程中我才知道自己之前到底写了什么，并且惊叹于这些内容所蕴含的智慧。我用了好几天时间才把框架组织好，并把合适的内容安放进去，再去处理段落之间的承接，让它们看起来是有逻辑的、易理解的。

这和我之前的写作过程完全不一样。我写第一本书时，是先搭建好一个已知的框架，然后再往里面填充已知的内容；写第二本书时是先搭建好一个可能的框架，再往里面填充相关的内容来验证框架的正确性；写这本书的时候则恰恰相反，是先写出内容，然后再根据内容搭建框架。这种改变让我充分意识到：我们的人生，就是学习规则到利用规则，再到抛弃规则的过程。先通过学习规则适应环境，很好地生存下去；然后再分析规则以趋利避害，走出自己的道路；最后打破所有限制，创造属于自己的规则。

致谢

我们受到的教育基本只局限在第一步，善于观察、头脑灵活的人能够通过经验教训来到第二步，极其自信、勇敢的人才有可能来到第三步。然而，这些是不会有人教你的。

所以，在此无尽地感谢，感谢天时、地利、人和，使我有缘得以知道这些并把它分享给更多人。

其次感谢我读过的好书，感谢这些优秀的作者，愿意不畏艰难、无视别人的不解，把无法被验证的直觉和灵感写下来分享给我们。这些书不断粉碎旧有的自我，使我打开了全新的视野，让我时而反思、时而感动、时而震撼。我记不清有多少次热泪盈眶，感慨自己居然抱着这么多错误的信念活了这么久还茫然不知，激动于自己居然可以有改变的机会，而不会一直那样愚昧地生活下去。而且每本书都和我缘分至深，我不用刻意去寻找它们，当我需要时，它们就会以各种途径出现在我的眼前。

我还读了很多的公众号文章，虽然记不住是谁写的，也不记得具体标题，但是很多内容深深打动了我，成为我永久的养料。在此感谢这些文章的作者！

我还要感谢近期看过的一些优秀电影。因为时间的关系我平时很少看电影，即便看也优先选择能够解压的电影或者商业大片，但这完全不影响我从中吸取营养和智慧。好片子可以用非常通俗易懂的方式帮助你重新理解人生，并且老少皆宜。

特别感谢李欣频的课程，使我知行合一，立刻展开行动写下

生命蓝图
透视过去、改变现在、预演未来

了这本书。

现在我不再依赖任何老师了，因为我可以时时刻刻和智慧的潜意识保持沟通，它的层级超越了所有的老师。只要我保持开放、无限制的状态，它就可以随时提供给我需要的信息和支持。但是如果没有之前的经历和过程，我不会达到现在的自由程度。

最后感谢我生命中的一切，感谢家人和朋友的无条件支持，感谢我工作过的公司，感谢经历过的所有人、事、物。感谢李欣频老师，让我有动力把这本书写出来，非常感谢她为本书撰写推荐语，并提出宝贵的意见。感谢张丹茹、秋叶老师的无私推荐；感谢与我合作多次的陈冀康编辑；感谢我的老搭档孙睿帮我绘制插图；感谢冯莎帮我设计了封面和内页元素；感谢插画师杜祥杰帮我绘制了每章后面的思维导图笔记；感谢我的诸多好友为我提供反馈建议。感谢正在阅读的你们，相遇就是缘分，祝你们早日获得内心的无限自由，做自己人生最伟大的编剧！

附录A 相关引用

本书中提到的影视剧

《哪吒之魔童降世》

《黑客帝国》

《异次元骇客》

《蝴蝶效应》

《新白娘子传奇》（2018版）

《头号玩家》

《大明宫词》

《三傻大闹宝莱坞》

《战狼2》

《流浪地球》

《千与千寻》

本书中提到的歌曲

《老男孩》

《盗将行》

生命蓝图
透视过去、改变现在、预演未来

本书中提到的图书

《了凡四训》

《小狗钱钱》

《小王子》

《道德经》

《水浒传》

《异类》

《爱是一切的答案》

《高效能人士的七个习惯》

《逆向管理：先行动后思考》

《神雕侠侣》

《臣服实验》

《零极限》

《告别娑婆》

本书中提到的文章

《命运赋》

《小马过河》

附录B　测试题参考答案

序号	选项与对应分数			
1	A5	B3	C1	D10
2	A5	B1	C10	D5
3	A10	B3	C3	D5
4	A3	B3	C10	D5
5	A3	B5	C3	D10
6	A10	B5	C3	D1
7	A10	B3	C3	D1
8	A1	B3	C5	D10
9	A5	B5	C10	D3
10	A10	B5	C3	D1

生命蓝图
透视过去、改变现在、预演未来